Heinz Hellerer

Soft Skills für Softwaretester und Testmanager

Kommunikation im Team, Teamführung, Stress- und Konfliktmanagement

dpunkt.verlag

Dr. Heinz Hellerer
qualitaet@hellerer-it.de
www.hellerer-it.de

Lektorat: Christa Preisendanz
Copy Editing: Alexander Reischert, Redaktionsbüro ALUAN, www.aluan.de
Herstellung: Nadine Thiele
Umschlaggestaltung: Helmut Kraus, www.exclam.de
Druck und Bindung: M.P. Media-Print Informationstechnologie GmbH, 33100 Paderborn

Bibliografische Information der Deutschen Nationalbibliothek
Die Deutsche Nationalbibliothek verzeichnet diese Publikation in der Deutschen Nationalbibliografie; detaillierte bibliografische Daten sind im Internet über http://dnb.d-nb.de abrufbar.

ISBN 978-3-89864-831-8

1. Auflage 2013
Copyright © 2013 dpunkt.verlag GmbH
Ringstraße 19B
69115 Heidelberg

Die vorliegende Publikation ist urheberrechtlich geschützt. Alle Rechte vorbehalten. Die Verwendung der Texte und Abbildungen, auch auszugsweise, ist ohne die schriftliche Zustimmung des Verlags urheberrechtswidrig und daher strafbar. Dies gilt insbesondere für die Vervielfältigung, Übersetzung oder die Verwendung in elektronischen Systemen.
Es wird darauf hingewiesen, dass die im Buch verwendeten Soft- und Hardware-Bezeichnungen sowie Markennamen und Produktbezeichnungen der jeweiligen Firmen im Allgemeinen warenzeichen-, marken- oder patentrechtlichem Schutz unterliegen.
Alle Angaben und Programme in diesem Buch wurden mit größter Sorgfalt kontrolliert. Weder Autor noch Verlag können jedoch für Schäden haftbar gemacht werden, die in Zusammenhang mit der Verwendung dieses Buches stehen.
5 4 3 2 1 0

Vorwort

*The goal of a software engineer is to retire
without having caused any major catastrophe.*

Dilbert

Soft Skills sind der entscheidende Faktor für den Erfolg oder Misserfolg von Projekten. Umfragen in Unternehmen sowie zahlreiche Untersuchungen von Unternehmensberatungen bestätigen immer wieder, dass es gerade die unausgesprochenen und unausgelebten Konflikte, fehlende Motivation und mangelnder Teamgeist sind, die Projekte letztlich zu Fall bringen.

Im Umfeld der Software- und der Komponentenentwicklung haben es Tester und die zugehörigen Testmanager nicht leicht. Sie sollen zwar Qualität garantieren, aber möglichst nicht den Betrieb mit nervigen Fehlermeldungen, Rückfragen und Retests aufhalten. Tester sind oft die Überbringer schlechter Nachrichten: Was im Entwicklertest eben noch so gut funktioniert hat, hält plötzlich einem Performancetest nicht stand oder verträgt die Portierung auf eine andere Systemumgebung nicht wirklich. Dann ist es nicht immer einfach, einen Entwickler zur Einsicht zu bringen, dass sein Code tatsächlich fehlerhaft sein könnte.

Tester benötigen deshalb »Fingerspitzengefühl« ebenso wie Durchsetzungsvermögen, wenn sie sich in einem Entwicklungsteam behaupten und ernst genommen werden wollen. Tester müssen Entwickler und Projektleiter davon überzeugen können, dass ihre Arbeit grundlegende Bedeutung für die Qualität und den Erfolg einer Applikation hat und dass es auch für jedes Entwicklungsteam äußerst wichtig ist, über die Entwicklungsqualität jederzeit informiert zu sein. Im Spannungsfeld zwischen Projektleitung (»Wir haben keine Zeit für langwierige Tests«) und Entwicklern (»Lief doch gerade eben noch, das ist sicher ein Bedienfehler«) sind für den Tester und den Testmanager gerade die »weichen Faktoren« überlebenswichtig. Tester kommunizieren stets nach mehreren Seiten und stehen dann manchmal plötzlich im Mittelpunkt des allgemeinen Interesses, wenn sie z.B. einen »Showstopper« entdecken. Mit solcherlei Anforderungen und »widerborstigen« Umgebungen muss jeder Tester und Testmanager im Alltag zurechtkommen.

Dieses Buch ist aus der Praxis des Softwaretestens heraus entstanden und will Testern wie Testmanagern Hintergrundwissen über Soft Skills geben, das sie bei ihrer täglichen Arbeit anwenden können und das von ihnen auch immer öfter erwartet wird. Das letzte Kapitel nimmt die agilen Projekte in den Fokus und gibt Einblick in die Besonderheiten, auf die sich Tester und Testmanager in agilen Umgebungen einrichten sollten.

Das Buch wendet sich in erster Linie an Tester und Testmanager im Bereich Softwareentwicklung. Die hier behandelten Soft Skills haben aber genauso für Qualitätsbeauftragte aus anderen technischen Bereichen ihre Berechtigung und Gültigkeit; auch für Projektleiter und Entwickler enthält es – hoffentlich – wichtige Informationen. Das Buch will Hintergrundwissen bereitstellen, das sich in der Projektpraxis bewährt hat und immer wieder bewährt.

»Man muss ins Gelingen verliebt sein, nicht ins Scheitern«, lautet ein bekanntes Statement des Philosophen Ernst Bloch. Dieses Buch will dazu beitragen, dass Softwareprojekte eher gelingen als scheitern – und vielleicht manchmal sogar auch noch Spaß machen.

Übrigens: Wenn in diesem Buch von »Tester« oder »Testmanager« die Rede ist, dann ist damit ebenso die Testerin und die Testmanagerin gemeint. Testerinnen und Testmanagerinnen mögen sich ebenso angesprochen fühlen wie Tester und Testmanager. Die männliche Form drückt keine Wertung aus, sondern wurde nur wegen der Einfachheit und besseren Verständlichkeit gewählt.

Heinz Hellerer
Herrsching, August 2012

Inhalt

1	**Einleitung: Warum Soft-Skills-Projekte erfolgreich machen**	**1**
1.1	Ziel des Buchs	1
1.2	Was dieses Buch leisten kann und was nicht	2
1.3	Was sind Soft Skills?	3
1.4	Warum Softwareprojekte scheitern	5
1.5	Was sich Tester von ihren Kunden wünschen	10
2	**Die Rolle des Testers: Überleben im Spannungsfeld der Stakeholder**	**11**
2.1	Klarstellen der Erwartungen: Die Rollen von Testern und Testmanagern	11
2.2	Rollenkonflikte	13
2.3	Umgang mit Budgets und Schätzungen	21
3	**Soziale Kompetenz: Die Intelligenz der Gefühle**	**27**
3.1	Motive und Antreiber	27
3.2	Motivation und Arbeitszufriedenheit	31
4	**Die dunkle Seite: Konflikte, Mobbing, Stress**	**45**
4.1	Wie es zu Konflikten kommt	45
4.2	Strategien der Konfliktbewältigung	56
4.3	Wenn's stressig wird: Stress und Stressbewältigung	60
5	**Kommunikative Kompetenz: Reden verbindet**	**67**
5.1	Kommunikation ist entscheidend	67
5.2	Warum Kommunikation für Testprojekte so wichtig ist	72
5.3	Kommunikation in Foren, Blogs, Mailinglisten und Wikis	78
5.4	Kommunikation mit Projektleitern und anderen Stakeholdern	84
6	**Führungskompetenz: Der Testmanager als Teamchef**	**89**
6.1	Was ist Führung?	89
6.2	Teambildung und Teamentwicklung	98

7	**Mittendrin statt nur dabei:** **Tester und Testmanager in agilen Teams**	**109**
7.1	Warum es agile Entwicklungsprozesse gibt	109
7.2	Kommunikation der Tester mit Product Owners und Scrum Masters	119
7.3	Wo die Reise hingeht	121
	Anhang	**123**
A	**Theoretische Grundlagen und Ergänzungen**	**125**
A.1	Das Konzept der Rolle	125
A.2	Erkenntnis eigener und fremder Lebensmotive nach Steven Reiss	127
A.3	Transaktionen und Spiele nach Eric Berne	132
A.4	Tuckmans Phasenmodell der Teambildung	140
A.5	Die neun Eskalationsstufen des Konflikts nach Friedrich Glasl	141
A.6	Techniken der Konfliktbewältigung in Unternehmen	143
A.7	Stressmodelle	153
A.8	Das Kommunikationsmodell von Schulz von Thun	156
A.9	Führungsstile	160
A.10	Das »Agile Manifest« im Originalwortlaut und in der Übersetzung	164
B	**Literaturverzeichnis**	**167**
	Index	**171**

1 Einleitung: Warum Soft-Skills-Projekte erfolgreich machen

Wir müssen als Regel annehmen, dass wir von zwanzig Projekten zehn verlieren, bei fünf auf unsere Kosten kommen, bei vier ordentlich und bei einem tüchtig gewinnen.

F.A. Brockhaus

1.1 Ziel des Buchs

Auch wenn es für Projektleiter, Testmanager und Tester nicht immer einleuchtend ist: Soft Skills, die soziale Seite der Entwicklungsprojekte, entscheiden über den Erfolg oder Misserfolg von Projekten. Fachwissen ist unverzichtbar und ohne Fachwissen gäbe es keine Software, aber Fachwissen im stillen Kämmerlein ist schlicht unnütz. Erst in der Interaktion, in der Zusammenarbeit und Kommunikation mit anderen wird Fachwissen fruchtbar. Doch da beginnen auch die Probleme und der Einsatz der Soft Skills.

»Soft Skills für Tester und Testmanager« – dieses Buch will Sie in Ihren Projekten begleiten und Ihren Arbeitsalltag angenehmer sowie effizienter machen. Es will Sie dabei unterstützen, Ihre Potenziale möglichst optimal zu entfalten und Ihr Fachwissen möglichst effektiv anzuwenden bzw. zu verwerten. Der Vergleich mit einem Rennwagen mag das anschaulich werden lassen: Was bei einem Rennwagen der Motor, sind Ihre Fachkenntnisse sowie Ihr Management- und Projektleitungswissen. Jetzt kommt es darauf an, die Leistung des Motors auch auf die Straße zu bringen. Die Reifen, das sind Ihre Soft Skills. Je besser sich die Reifen für die jeweilige Situation eignen, sei es Regen, Schnee, Hitze oder einfach Schönwetter, desto besser werden die Ergebnisse sein. So ähnlich sieht es mit den Soft Skills aus: Je besser Sie die richtige Vorgehensweise und den richtigen Umgang mit Ihren Kollegen, Mitarbeitern und Kunden wählen, je begabter und geübter Sie sich in der Kommunikation zeigen, desto besser wird das Ergebnis des Gesamtprojekts und speziell Ihres Testteams werden. Aus einer Gruppe von Individuen wird nämlich dann ein Testteam, das an einem Strang zieht und sich für die gemeinsame Sache einsetzt. An dieser Stelle sollte auch einmal betont werden, dass es sich bei Soft Skills und Sozialkompetenzen nicht um ein Geheimwissen handelt oder um schwer definierbare Eigenschaften wie »Charme«. Soft Skills sind bis zu einem gewissen Grad erlernbar, aber wer sich, seine Persönlichkeit und seine Verhaltensweisen ändern will, benötigt viel Ausdauer. Dieser Einblick in die Welt der Soft Skills zeigt Ihnen auf, auf welchen Gebieten Sie sich weiterentwickeln und welche Skills Sie verbessern können. Seien Sie sich aber auch bewusst, dass mit dem Lesen allein noch keine Verhaltensänderung einhergeht. Entsprechende Soft-Skills-Seminare oder Workshops können hier unterstützen.

Gerade diejenigen Leser, die eine technische Ausbildung hinter sich haben, wurden bisher vermutlich wenig mit Themen aus der Psychologie und Organisationstheorie konfrontiert. Dieser Zielgruppe will das Buch einen ersten Eindruck vermitteln und sie zur Weiterbeschäftigung mit dieser im Projektalltag immer wichtiger werdenden Thematik animieren.

1.2 Was dieses Buch leisten kann und was nicht

Dieses Buch liefert Ihnen einen kompakten Überblick über das momentane Wissen bezüglich Soft Skills, wobei es ausschließlich um solche Soft Skills geht, die für die Bereiche Test und Qualitätssicherung in Softwareprojekten relevant sind.

Ein Buch kann Informationen vermitteln, aber es wird ad hoc keine Verhaltensänderungen herbeiführen, weder beim Leser noch seinen Geschäftspartnern. Wer – vielleicht aufgrund dieses Buchs – bei sich oder anderen Soft Skills entdeckt, die er gerne entwickeln und verbessern möchte, versucht dies am besten mithilfe eines Coachs oder in dieser Beziehung erfahrenen Psychologen. Alle Soft Skills haben mit der Persönlichkeit eines Menschen zu tun. Wer seine eigene Persönlichkeit besser kennenlernen, Teilbereiche ändern oder innere Barrieren abbauen will, der lässt sich auf einen längeren Prozess ein, bei dem es mit dem Lesen eines Buchs allein nicht getan ist. Persönlichkeit ist nichts, in dem man mal eben so nebenher mit einem Buch als »Gebrauchsanweisung« herumstochern könnte. Wer sein Verhalten wirklich ändern und sich entwickeln will, der hat sich einer langfristigen Aufgabe verschrieben und wird eventuell professionelle Hilfe in Anspruch nehmen müssen, um ans Ziel zu gelangen.

Erste Schritte bei der Verhaltensänderung anderer unternimmt man am besten erst einmal vorsichtig in seinem Projekt im kleinen Kreis. Auch hier macht die Übung den Meister.

1.3 Was sind Soft Skills?

Die wörtliche Übersetzung mit »weiche Fähigkeiten« ist irreführend und ein Terminus wie »soziale Kompetenz« trifft es deutlich besser. Inzwischen hat sich der Begriff »Soft Skills« in der Projektwelt und auch bei Stellenausschreibungen so sehr eingebürgert, dass man nicht mehr auf ihn verzichten kann.

Trotz aller Gebräuchlichkeit macht der Ausdruck in der Projektwelt Probleme und wird gerne falsch verstanden. Die Konnotationen des Wortes »soft« mit »sanft«, »nachgiebig«, »schwächlich« schwingen bei dem Begriff »Soft Skill« im Subtext immer mit. Er lässt viele, gerade wenn sie aus dem technischen Bereich kommen und mit der »Psychodenke« nichts anfangen können, an Schmusekurs und »Sozialklimbim« denken, an eine Veranstaltung für Weicheier und Kamillenteetrinker, mit der gestandene Tester und Testmanager nichts zu tun haben (wollen). Darum geht es aber nicht.

Es geht bei Soft Skills unter anderem um die Fähigkeit, sich selbst zu motivieren und im Team ein bestimmtes Ziel – in diesem Falle ein Projektziel – zu erreichen. Leider gibt es keine eindeutige und anerkannte Definition dessen, was Soft Skills im Kern ausmacht und wo sie sich genau abgrenzen lassen. Einigkeit herrscht jedoch insoweit, als es sich bei den Soft Skills um eine Gruppe von Eigenschaften handelt, die im Zusammenhang mit dem Umgang mit sich selbst und mit anderen stehen. Zum Umgang mit sich selbst gehören Selbstvertrauen, Selbstwert und Eigenverantwortung, was u.a. durch Selbstbeobachtung und Disziplin erreicht und gestärkt werden kann. Im Umgang mit anderen gehören zu den Soft Skills Kritikfähigkeit, Menschenkenntnis, Zivilcourage, Konfliktfähigkeit, Motivation und Teamfähigkeit. Beim Testmanager in der Rolle einer Führungspersönlichkeit darf man entsprechend die Vorbildfunktion zu den Soft Skills zählen, die mit Entscheidungsfähigkeit, konsequentem Handeln und Durchsetzungsvermögen zusammenhängt.

Definition Soft Skills

Es handelt sich bei den Soft Skills also um ein nur schwer abgrenzbares Bündel an individuellen Fähigkeiten und Eigenschaften, die die Zusammenarbeit in einem Team oder die Führung eines solchen ermöglichen. Eine eindeutige und allgemein anerkannte Definition ist in der entsprechenden Literatur nicht vorhanden. Soft Skills haben jedenfalls damit zu tun, wie ein Mensch auf die Herausforderung einer bestimmten Situation reagiert, ob der Situation angemessen und ob er sie zum eigenen Vorteil und zum Vorteil seiner Gruppe nutzen kann. »Nutzen« meint dabei nicht »ausnutzen«, sondern etwas, von dem alle Gruppenmitglieder profitieren und das soziale Beziehungen nicht gefährdet. Soft Skills sind eine intelligente Antwort auf persönliche Herausforderungen und Herausforderungen im Umgang mit anderen. Soft Skills bilden also keine Reihe von Eigenschaften, die sich einfach aufzählen und kategorisieren lassen – es kommt auf die jeweilige Situation an. Beispielsweise kann »Durchsetzungsfähigkeit« in manchen Fällen eine der Situation angemessene Verhaltensweise sein. Wenn ein Testmanager gegenüber der Projektleitung Durchsetzungsfähigkeit zeigt, kann das ein echter Soft Skill sein. Wenn die Durchsetzungsfähigkeit aber zur kompromisslosen Rücksichtslosigkeit ausartet, ist sie sicher kein Soft Skill mehr, da das Verhalten der Situation nicht mehr angemessen ist.

Sind Soft Skills ein Geschenk der Evolution?

Offensichtlich sind Soft Skills – so verstanden – kein reines Zivilisationsprodukt, sondern haben ihre Basis in der Biologie des Menschen. Für den Göttinger Neurobiologen Gerald Hüther – er spricht von »emotionaler Kompetenz« – bilden Soft Skills ein wesentliches Ergebnis der menschlichen Evolution und eine Voraussetzung für das Überleben der Spezies Mensch: »... das war möglicherweise das wirklich entscheidende und während der gesamten Menschheitsgeschichte in allen Kulturen für den Fortpflanzungserfolg bedeutsame Kriterium der Partnerwahl sowohl von Männern als auch von Frauen – musste der jeweilige Fortpflanzungspartner die für eine gelingende Aufzucht der gemeinsamen Kinder erforderlichen psychoemotionalen Eigenschaften besitzen: Einfühlungsvermögen, Umsicht und Verlässlichkeit, also das, was wir heute noch als emotionale Kompetenz bezeichnen. Diese hochkomplexen, während der frühen Kindheit durch Erziehung und Sozialisation gewonnenen Fähigkeiten und die ihnen zugrunde liegenden Anlagen sind durch den Prozess der sexuellen Selektion während der gesamten Phase der Menschheitsentwicklung bevorzugt ausgelesen worden« [Hüther 2010, S. 96 f.].

Aus dem Blickwinkel der Neurobiologie sind also grundlegende Sozialkompetenzen in jedem Menschen bereits genetisch angelegt. Jetzt kommt es »nur« noch darauf an, wie wir mit dieser Veranlagung entsprechend intelligent umgehen.

Was haben das Sozialverhalten und die emotionale und soziale Kompetenz nun mit der rauen Projektwirklichkeit zu tun? Das wird deutlich, wenn man das Pferd von hinten aufzäumt und die Frage stellt, warum Softwareprojekte eigentlich so oft scheitern und offensichtlich so schwer in den Griff zu bekommen sind.

1.4 Warum Softwareprojekte scheitern

Nach dem Goldwyn-Report von 2008 [Goldwyn] scheitert ein Drittel aller Softwareprojekte, bei einem weiteren Drittel kommt es zu massiven Überziehungen des Zeitrahmens oder des Budgets. Nach dem Chaos-Report der Marktforschungsfirma Standish Group aus Massachusetts wurden im Jahr 2009 32 % aller Softwareprojekte in den USA erfolgreich abgeschlossen, 44 % waren problembehaftet und 24 % wurden eingestellt. Auch wenn die Ergebnisse diskutierbar und nur begrenzt auf den deutschsprachigen Markt anwendbar sind, lässt das Ergebnis doch aufhorchen.

IT-Projekte (damit ist hier sowohl die Entwicklung als auch die zugehörige Qualitätssicherung gemeint) haben die unangenehme Eigenschaft, dass sie in sehr kurzer Zeit völlig aus dem Ruder laufen können. Da die IT noch eine relativ junge Ingenieurwissenschaft ist, fehlen in den Unternehmen die jahrzehntelangen Erfahrungen, die man z.B. mit Bauvorhaben oder in der Verfahrenstechnik hat. IT-Projekte können aber ganz schnell so komplex werden, dass dem Management, der Projektleitung und allen weiteren Beteiligten jeder Überblick verloren geht – was im Ernstfall dann aber keiner zugeben will.

Ein wunderbares Beispiel für einen derartigen Komplexitäts-GAU bietet z.B. die Firma Levis (die mit den Hosen). Levis wollte seine zersplitterte IT-Landschaft durch ein umfassendes SAP-System ablösen und verlor dabei Unsummen Geld, wie das Magazin »Harvard Business Manager« zu berichten wusste: »Das Risiko schien überschaubar. Das Budget lag unter fünf Millionen Dollar. Aber sehr bald brach bei dem Projekt die Hölle los: Ein großer Kunde, Wal-Mart, verlangte, dass das IT-System von Levi Strauss mit seinem eigenen Supply-Chain-Managementsystem verbunden werden müsse, was eine zusätzliche Schwierigkeit bedeutete. Unzulängliche Verfahren bei der Bilanzierung und betrieblichen Steuerung führten dazu, dass Levi Strauss fast jedes Mal seine Quartals- und Jahresergebnisse berichtigen musste. Während des Wechsels auf das neue System konnte das Unternehmen keine Aufträge ausführen und musste seine drei Logistikzentren in den USA für eine Woche schließen. Im zweiten Quartal 2008 musste es wegen des verpfuschten Projekts eine Ergebnisbelastung von 192,5 Millionen Dollar hinnehmen. Chief Information Officer David Bergen kostete es den Job« [Harvard].

Wie ein Softwareprojekt aus dem Ruder laufen kann

In diesem Fall führten hohe Komplexitäten des Projekts, schlechtes Projektmanagement, gepaart mit Selbstüberschätzung und mangelnden Projektmanagementkenntnissen ins Desaster. Eine realistische Einschätzung der eigenen Möglichkeiten und Grenzen sowie der Möglichkeiten und Grenzen der Projektmitarbeiter ist wiederum ein typischer Soft Skill.

Neben all den Verlusten an Zeit und Geld führen derartige Chaosprojekte zur Demotivation aller Beteiligten einschließlich derjenigen Kollegen im Unternehmen, die das Projekt aus der Ferne beobachtet haben und anschließend für ähnlich gelagerte Vorhaben aus gutem Grund nicht mehr zu motivieren sind.

Nur wenige Projekte scheitern an technischen Problemen.

Nur bei einer Minderheit der gescheiterten Projekte sind technische Probleme ausschlaggebend für den ausbleibenden Erfolg: Hier sind der Einsatz neuer, unbekannter Tools (»First Movers«), neuer Computersprachen oder schlicht die Unterschätzung der Komplexität und des technischen Aufwandes die schlimmsten »Problembären«.

Die meisten Projekte aber scheitern an Problemen auf der menschlichen, der emotionalen und kommunikativen Ebene: an mangelnder Methodenkompetenz, an der Arroganz der Projektleitung oder der Entwickler, an mangelnder Menschenkenntnis, fehlerhafter Selbsteinschätzung und fehlender Führungskompetenz sowie an ungelösten Konflikten im Projektteam, an der unzureichenden Information an die Stakeholder, an ausbleibenden Zielvorgaben und latenter Bunkermentalität.

Bei der Auswertung von diesbezüglichen Studien, Umfragen und Untersuchungen fällt auf, dass es eigentlich immer dieselben Fehlleistungen sind, die IT-Projekte scheitern lassen. Die meisten dieser Fehlleistungen haben ihre Ursache in unzureichenden Soft Skills. Hier eine Liste der Top-Projektkiller sowie der Hinweis auf die hierbei fehlenden Soft Skills:

Mangelnde Kommunikation ist der Projektkiller Nr. 1.

- **Mangelhafte Projektkommunikation**
  Immer noch ist die Kommunikation in vielen Unternehmen und Projekten ein Stiefkind, dem viel zu wenig Beachtung geschenkt wird. Zur Kommunikationskultur in Projekten zählen die Informationspolitik wie auch das Management von Meetings und Besprechungen.

> Gefragt ist hier der Soft Skill **Kommunikationskompetenz** und damit die Fähigkeit zu moderieren, zu überzeugen und zu verhandeln.

Die Klärung der Ziele ist kein Luxus.

- **Unklare Ziele**
  Projekte werden häufig vom Vertrieb oder von der Geschäftsleitung initiiert, ohne die Vorgaben und Projektziele genau zu klären. Unklare oder widersprüchliche Anforderungen führen aber zu endlosen Diskussionen, zu Konflikten und Machtspielen. Wenn eine

Qualitätsvorgabe z.B. lautet: »Das System sollte robust auf Fehlbedienung reagieren«, so sagt dies einem Manager oder Vertriebsmitarbeiter vielleicht einiges, einem Entwickler, Tester oder Qualitätsbeauftragten aber eher gar nichts. Denn was genau ist eine Fehlbedienung? Was heißt »robust«? Was darf auf keinen Fall passieren? Wer bedient die Anwendung? Welche Kenntnisse hat diese Person?

> Gefragt ist hier neben dem Soft Skill **Kommunikationskompetenz** auch **Führungskompetenz**, wozu die Vorgabe klarer Haupt- und Teilziele gehört.

- **Schlechte Projektvorbereitung und -planung**
  Nach wie vor werden Projekte oft »aus dem Boden gestampft«, ohne Rahmenbedingungen wie die Verfügbarkeit von Ressourcen genügend zu bedenken. Gerade dann, wenn Projekte den Mitarbeitern zusätzlich zu ihrer täglichen Arbeit »aufgedrückt« werden, führt dies zu einer schwer abschätzbaren Zusatzbelastung. Mit schlecht oder gar nicht motivierten Mitarbeitern, die das Projekt vielleicht als Zumutung und reine Erschwernis ihres Tagesgeschäfts sehen, kommt es in jedem Fall zu erheblichen Zeitverzögerungen, die Kreativität bleibt auf der Strecke und der Projekterfolg ist von Anfang an gefährdet.

> Gefragt sind hier **Projektmanagement-Know-how**, **Arbeitstechnik**, **Führungskompetenz** und **Konfliktlösungskompetenz**.

- **Arroganz, Selbstüberschätzung und Unerfahrenheit**
  Ein Hauptproblem unerfahrener Projektleiter sind viel zu optimistische Annahmen. Beispielsweise ist die Zeitschätzung von Softwareentwicklungsprojekten durchaus nicht trivial; sie erfordert viel Erfahrung und Menschenkenntnis (was kann man den Projektbeteiligten zumuten, was besser nicht?). Gerade jung-dynamische Manager und Projektleiter haben oftmals das Gefühl, sie könnten sich profilieren, indem sie Projekte nach dem Motto »Neue Besen kehren gut« besonders schnell und kostenbewusst durchdrücken. Jeder Versuch, über Druck, Wochenendarbeit u.Ä. falsche Zeitschätzungen bzw. ein schlingerndes Projekt wieder auf Kurs zu bringen, funktioniert allerdings bestenfalls kurzzeitig, vergrault aber gerade die Top-Leister, macht Engagement und Kreativität im Projekt zunichte und führt auf Dauer ins Chaos.

Nicht zu unterschätzen: Projektkiller Arroganz

Interessant sind in diesem Zusammenhang die Beobachtungen der Managementberatung Kienbaum aus Gummersbach zum möglichen Scheitern von High Potentials: »In Zeiten des Fach- und Führungskräfte-Mangels haben überdurchschnittlich qualifizierte Absolventen und Berufseinsteiger ausgezeichnete Karriereaussichten. Trotzdem scheitern einige der sogenannten High Potentials im Berufsleben, so die Erfahrung vieler Personalchefs in Deutschland, Österreich und der Schweiz. Gründe hierfür sind aus Sicht der HR-Leiter vor allem mangelnde Soft Skills: Scheitert ein deutscher High Potential, liegt dies in 94 Prozent der Fälle an seiner Selbstüberschätzung und zu 89 Prozent an der mangelnden Fähigkeit zur Selbstkritik, gaben die für eine aktuelle Kienbaum-Studie befragten Personaler an. In der Schweiz sind die Selbstüberschätzung (95 Prozent) und in Österreich die mangelnde Fähigkeit zur Selbstkritik (93 Prozent) ebenfalls Hauptgründe für das Scheitern von High Potentials« [Kienbaum].

Kienbaum hatte für die Studie »High Potentials 2011/2012« insgesamt 469 Unternehmen aller Größen in Deutschland, Österreich und der Schweiz befragt. Man darf also davon ausgehen, dass es sich hierbei nicht um »bedauernswerte Einzelfälle« handelt, sondern dass die unzureichende Einschätzung der eigenen Person sowie ihrer Möglichkeiten und Grenzen ein flächendeckendes Problem in der deutschsprachigen Industrielandschaft darstellt.

Das Problem der »Arroganz der Spezialisten«

Die »Arroganz der Spezialisten« ist in jeder Organisation ein Problem und immer ein möglicher Stolperstein für ein Projekt. Dazu der Managementexperte und Professor für Unternehmensführung Fredmund Malik: »Arroganz und Indifferenz sind die typischen Untugenden der Spezialisten, und die sind gravierende Probleme für jede Organisation. Sie gehören auf die Liste der Todsünden wider den Geist einer guten Organisation. In diesem Sinne falsch verstandenes Spezialistentum ist eine der, wenn nicht überhaupt die wesentliche Ursache für die so oft beklagten Kommunikationsprobleme und für die weniger häufig zitierten, aber mindestens so wichtigen Probleme des Realitätsverlustes in so vielen Organisationen. Spezialisten kennen ihre Realität, aber die Realität der Organisation interessiert sie nicht. Deshalb können sie völlig ungeniert mit der Selbstsicherheit des Ahnungslosen an eben dieser Realität vorbeioperieren« [Malik 2006, S. 102].

> Gefragt sind hier **Menschenkenntnis** und **realistische Selbsteinschätzung**, **Führungskompetenz** sowie **Methodenkenntnisse**.

■ **Fehlendes Leitungs- und Führungs-Know-how**
Viele Projektleiter (wobei ich hier ausdrücklich auch den Test als ein eigenes Projekt verstanden wissen möchte – auch ein Testmanager ist also ein Projektleiter) verfügen über ein profundes Fachwissen, aber über wenig Kenntnis im Umgang mit Teams, Gruppen, schwierigen Zeitgenossen und mit Konflikten. Wenn die Projektleiter aus dem technischen Bereich kommen, haben sie in ihrer Fachausbildung meist wenig bis gar nichts über soziale Kompetenzen erfahren. Jeder Handwerksmeister mit einem Ausbilderschein weiß im Schnitt mehr über Menschenführung und Pädagogik als ein Informatiker oder Ingenieur, der frisch von der Universität kommt.

Starrheit und Dogmatismus sind dann oft die Folge einer gewissen Unsicherheit im zwischenmenschlichen Umgang. Der dogmatische Umgang mit Projektstrategien, einer einmal ausgesuchten Programmiersprache oder die frühe und diskussionslose Vorgabe von Tools sind Folgen dieser Unsicherheit. Dieses Vorgehen aber führt bei den Mitarbeitern nach einiger Zeit mit Sicherheit zu Widerstand und Renitenz: »Was die sich da wieder ausgedacht haben ...«, lautet die ausgesprochene oder unausgesprochene Frage. »Die« sind aber in jedem Fall »die anderen«, das sind nicht wir. Schon löst sich der Teamgeist auf und das Image des Managements bzw. der Projektleitung hat die ersten Kratzer.

Dogmatismus und fehlende Diskussionskultur

Zu allem Überfluss kämpfen Projektleiter aber nicht nur an einer Front. Neben dem »eigenen« Team haben sie noch ein ganze Reihe von Stakeholdern über und neben sich: das eigene Management, das Management des Kunden, das Controlling, das Marketing und so weiter. Alle Beteiligten erwarten Informationen über das Projekt, transparente Zeitpläne und Auskünfte über Ressourcen und Budgets. Die Kommunikationsfähigkeit eines Projektleiters wird also schon im normalen Projektalltag erheblich strapaziert, auch wenn sich noch gar nichts Besonderes ereignet hat.

> Gefragt sind hier **Führungskompetenz** und **Kommunikationskompetenz**.

Über Projektfehler und das Scheitern von Projekten finden sich inzwischen größere Mengen an Untersuchungen und Veröffentlichungen. Die Gründe, warum Projekte scheitern, sind – wenn auch mit anderen Nuancen – immer ähnlich gelagert: Das Management und die Projektleitung haben es in der Hand, ein Projekt zum Erfolg zu führen bzw. es zum Absturz zu bringen.

1.5 Was sich Tester von ihren Kunden wünschen

Allerdings – man muss es einfach mal sagen, selbst wenn es wie Publikumsbeschimpfung klingt: Auch Kunden sind keine reinen Engel.

Wünschenswert: Unterstützung durch den Auftraggeber

Sie könnten einem Testteam das Leben so leicht machen, wenn sie nur einmal klar sagen würden, was sie eigentlich wollen. Die Requirements, die verbindlichen und belastbaren Kundenanforderungen herauszubekommen, erweist sich häufig als schwieriger und langwieriger Prozess. Ganze Scharen von Business-Analysten sind damit beschäftigt, den Kunden zu löchern, UML-Charts zu zeichnen, Workshops durchzuführen, um dann zuletzt aus wenigen kryptischen Bemerkungen so etwas wie eine stabile Kundenanforderung zu destillieren. Die Tester sollten ihnen dankbar sein für diese Vorarbeit, denn für den Test gibt es nichts Schlimmeres als undurchsichtige und unklare Kundenanforderungen.

Die Anforderungen des Kunden sind das A und O.

Genau an dieser Kante stürzen leider viele Projekte ab. Wer als Projektverantwortlicher nicht herausbekommt, was der Kunde wirklich will, oder kein Gefühl dafür entwickelt, was der Kunde sicher nicht will, der erleidet früher oder später Schiffbruch, allerspätestens bei der Produktpräsentation. Darum, lieber Kunde, versuche uns zu sagen, was du wirklich willst, was deine Traumsoftware am Ende leisten soll. Wenn du es selbst noch so nicht genau wissen solltest, dann richte deine Prozesse entsprechend ein. Für häufig wechselnde Kundenanforderungen eignen sich agile Vorgehensmodelle wie Scrum.

Auch Kunden benötigen Soft Skills.

Kunden und Auftraggeber machen mit Soft Skills wie Kommunikationskompetenz, Entscheidungsfreude und Delegationsfähigkeit den Projekten und sich selbst das Leben leichter.

2 Die Rolle des Testers: Überleben im Spannungsfeld der Stakeholder

Das hier ist eine verdammt harte Galaxis.

Douglas Adams

2.1 Klarstellen der Erwartungen: Die Rollen von Testern und Testmanagern

Jeder Mitarbeiter in einem Unternehmen oder Projekt erfüllt eine Rolle, die durch seine Tätigkeit vorgegeben ist. In technischen Projekten wird niemand zufällig beschäftigt, sondern allein wegen der Rolle, die er in dem Projekt einnimmt. Über seine Rolle ist jeder Tester und Testmanager in das Projekt und auch in die Organisation eines Unternehmens eingebunden – in das eigene Unternehmen und/oder in das Unternehmen des Kunden.

Eine ausführliche Behandlung des Rollenkonzepts aus Sicht der Organisationspsychologie findet sich in Abschnitt A.1.

> **Aus der Praxis:**
> Man sollte meinen, die Rolle eines Testers oder des Testmanagers in einem Projekt sei eindeutig definiert: Der Tester ist eben dazu da, Tests durchzuführen und Fehler in einer Software zu finden. Der Job des Testmanagers besteht offensichtlich darin, die Tester zu koordinieren, Testziele festzulegen und die Testausführung zu überwachen. So einfach ist das im praktischen Projektleben aber nicht.
> Wiederholt ist mir begegnet, dass der Kunde automatisierte Tests erwartete, bevor überhaupt die Anforderungen vollständig geklärt, geschweige denn manuelle Tests geschrieben waren (»Wir automatisieren gleich, das spart Kosten.«).

Der Tester kann in einer solchen Situation nur verlieren. Er beginnt Testskripts zu schreiben, die wegen Änderungen in den Anforderungen ständig abgeändert werden müssen. Am Ende steht eine mäßige Ausbeute von kaum brauchbaren automatisierten Testfällen, der Kunde ist enttäuscht, der Tester frustriert. Der Tester, der einen solchen Auftrag ohne genaue Klärung der Kundenerwartungen übernimmt, hat verloren.

Ein **Tester** kann seine Rolle im Projekt nicht ändern, aber er kann über die spezifische Ausgestaltung seiner Rolle verhandeln. Es gilt in einem Projekt von vorneherein klarzumachen, was von einem Tester erwartet wird. Projektleiter haben manchmal romantische Ideen von dem, was ein Tester leisten kann: Manch einer meint, der Tester könne die völlige Fehlerfreiheit des Codes garantieren oder dieser solle ausschließlich Skripte für automatisierte Tests schreiben. Die Projektleitung muss klarlegen, was sie von der Qualitätssicherung und den Testern erwartet. Soll der Tester schnell die wichtigsten Bugs finden? Soll er die Einhaltung bestimmter Standards überwachen? Soll er angelieferte Fremdsoftware überprüfen? Projektleiter wissen manchmal selbst nicht, was sie eigentlich erwarten. Eine klare Vereinbarung am Projektbeginn, am besten schriftlich, ist deshalb unumgänglich.

Ähnlich verhält es sich mit der Rolle des **Testmanagers**. Viele Softwareprojekte haben zunächst gar keine eigens ausgewiesene Testmanager-Rolle. Wenn das der Fall ist, muss eindeutig festgelegt werden, welche Person die Tester koordiniert und beispielsweise die wöchentlichen oder monatlichen Statusberichte schreibt. Es entsteht damit eine neue Rolle, die Rolle eines »Testkoordinators«, der irgendwo zwischen den Testern und dem Projektmanagement angesiedelt ist. Ohne genaue Rollenbeschreibung und Festlegung der Tätigkeiten und Kompetenzen gemeinsam mit der Projektleitung wird immer umstritten sein, was der Testkoordinator tun darf, tun soll und wo er seine Kompetenzen überschreitet. Ohne eindeutig definierten Testmanager steht auch nicht fest, wer im Projekt ein Testkonzept schreibt, Testendekriterien festlegt oder eine verbindliche Fehlerklassifizierung bestimmt. Hier ist eine frühzeitige Klärung der Kompetenzen unumgänglich, wenn eine effektive Qualitätssicherung aufgebaut werden soll.

Um mögliche Konflikte zu vermeiden, die aus unterschiedlichen Vorstellungen des Rollenverständnisses entstehen können, empfiehlt es sich, die Rollenerwartungen von vorneherein zu klären und die Vereinbarung nach Möglichkeit schriftlich festzuhalten.

Das inzwischen weltweit etablierte ISTQB (International Software Testing Qualifications Board), eine internationale Vereinigung, die ein standardisiertes Ausbildungs- und Qualifizierungsschema für Tester und Testmanager in vielen Ländern etabliert hat, macht berechtigterweise darauf aufmerksam, dass die Rolle des Testers nicht zuletzt auch von der jeweiligen Teststufe abhängig ist: »Abhängig von der Teststufe und den Risiken, die mit dem Produkt und dem Projekt verbunden sind, können verschiedene Personen die Rolle von Testern übernehmen und dabei einen gewissen Grad von Unabhängigkeit bewahren. Typische Tester auf der Komponenten- und Integrationsstufe sind Entwickler, auf der Abnahmeteststufe Fachexperten und Anwender, und für den Abnahmetest auf operativer Ebene der Betreiber« [ISTQB 2011, S. 51].

Tester ist also nicht immer jemand, der ganztägig und hauptberuflich testet. Die Rolle des Testers kann zeitweise auch ein Entwickler annehmen, oder – im Falle des Abnahmetests – sogar der Kunde. Weder ein Entwickler noch ein Kunde würde aber sich selbst die Rolle »Tester« zuschreiben. Insofern geraten beide auch nicht in die Konflikte, die sich zwischen Entwickler und Tester oder zwischen Tester und Management durchaus ergeben können.

Tester, die viel oder hauptsächlich Software testen, müssen für die Anforderungen ihrer Rolle eine ganze Menge an Wissen und Können mitbringen.

Sie müssen schnell erfassen, was fachlich vorgeht, was die Software erreichen soll, sie müssen die technischen Hintergründe verstehen und nicht zuletzt über ein solides Wissen in Sachen Testtheorie und Qualitätssicherung verfügen. Für jeden Tester im Softwarebereich ist es außerdem äußerst hilfreich, wenn er eine der gängigen Programmiersprachen beherrscht, um verstehen zu können, warum die Software so reagiert, wie sie reagiert. Whitebox-Tests setzen ohnehin gute Programmierkenntnisse voraus. Auch wird ein Tester in diesem Feld nicht darum herumkommen, schnell und effektiv Skripte zu erstellen, was bei jeder Form der Testautomatisierung zum Handwerk gehört.

Anforderungen an Tester

Neben allen fachlichen und technischen Fähigkeiten erfordert die Aufgabe des Testers eine gehörige Stressresistenz. Jedes Softwareprojekt hat gegen Ende mit Zeitproblemen zu kämpfen, oftmals wird die fehlende Zeit dann einfach beim Test abgeknapst oder die Tester müssen in immer kürzerer Zeit immer mehr schaffen.

2.2 Rollenkonflikte

Zwischen den verschiedenen Rollen, die ein Mensch einnimmt (Testmanager, Ehemann, Parteimitglied, Mitarbeiter, Hobby-Fotograf etc.) kann es verständlicherweise zu Konflikten kommen, wenn die Erwartungen an die Rolle nicht eindeutig geklärt sind. Ein einfacher Interrollenkonflikt ist z. B. der Konflikt des Ehemannes, der mehr Zeit für Überstunden verwendet, als seine Frau hinnehmen will.

Es kann ebenso zu massiven Konflikten für den Rollenträger kommen, wenn er plötzlich etwas tun soll, was mit seinen individuellen Werten absolut nicht vereinbar ist. Wenn z. B. ein freiberuflicher Tester ein überzeugter Pazifist ist und ihm ein verlockendes Angebot für ein

Interrollenkonflikt

Projekt im Rüstungsbereich vorliegt, liegt ein Person-Rollen-Konflikt vor. Einerseits würde er den vielleicht sogar interessanten Job gerne machen, andererseits will er nicht an der Herstellung von Kriegswaffen beteiligt sein.

Person-Rollen-Konflikt

Die Übernahme einer Rolle in einem Projekt ist mit unterschiedlich komplexen, manchmal auch widersprüchlichen Erwartungen an den Rollenträger verknüpft. Die Anforderungen einer Rolle können denjenigen, der die Rolle übernimmt, fordern oder auch überfordern. Es kann zu Rollenkonflikten kommen, wenn beispielsweise verschiedene Personen, womöglich Vorgesetzte, verschiedene Erwartungen an den Rollenträger haben. Ein solcher Intra-Rollenkonflikt kann z.B. auftreten, wenn ein Tester so viele Fehler findet, dass eine Software nicht abgenommen werden kann und damit der Zeitrahmen des Gesamtprojekts gesprengt wird.

Intra-Rollenkonflikt

Der Tester wird sich in diesem Fall vermutlich bei der Projektleitung unbeliebt machen, die »in Time and Budget« das Projekt abschließen und Verzögerungen vermeiden will, andererseits hat er aber möglicherweise gravierende Qualitätsprobleme aufgedeckt. Wenn Projektleitung und Management jetzt nicht klären, welches der Ziele Priorität hat, befindet sich der Tester in einem Zustand der Rollenambiguität.

Rollenambiguität

Rollenkonflikte und Rollenambiguität führen zu einem Stresserlebnis. Probleme mit der Rollenfindung im Projekt haben indes nicht nur eine persönliche, sondern auch eine ökonomische Dimension. Wer in einem Rollenkonflikt steckt, wird nicht mehr seine volle Leistungsfähigkeit abrufen können oder wollen. Agiert der Tester/Testmanager im Rollenkonflikt als eingekaufter Dienstleister bei einem Kunden, wird der Konflikt noch gravierender: Dem Kunden wird nicht entgehen, dass Teile der Mannschaft demotiviert bzw. uninteressiert sind, und dies auch ausdrücken. Damit wird möglicherweise der Rollenkonflikt noch angeheizt, sodass die Gesamtleistung des Projekts weiter absinkt. Abhilfe schafft hier eine frühzeitige Abklärung der Rollenerwartungen zwischen Kunde und Dienstleister.

Es gibt sicherlich keine Patentlösung für alle Projektkonstellationen, aber der Tester kann eine Menge Ärger vermeiden, wenn er seine Rolle im Team mit den wichtigen Stakeholdern eindeutig klärt. Auch den Stakeholdern wird dann manchmal erst bewusst, was sie sich eigentlich vorstellen.

Von der Klärung der Rollenerwartungen profitieren alle.

Von der Klärung der Rollenerwartungen profitieren also letztlich beide Seiten.

2.2.1 Die Mission des Testers oder »Was machen wir hier eigentlich?«

Der Management-Guru Peter F. Drucker sieht als wichtigste Frage zu einer weiterführenden Selbsteinschätzung die nach der »Mission«, die jemand sich und seiner Aufgabe im Unternehmen zuschreibt. Die Mission ist persönlich, gibt Kraft und lenkt die Aktivitäten der Zukunft: »Eine Mission kann nicht unpersönlich sein; sie muss eine tiefe Bedeutung haben, etwas sein, woran sie glauben – etwas, von dem sie wissen, dass es richtig ist« [Drucker 2009, S. 39].

Nach Drucker muss die Mission kurz sein, aber dennoch »umfassend und dauerhaft, sie bringt sie dazu, heute die richtigen Dinge zu tun, und führt sie in die Zukunft« [Drucker 2009, S. 41].

Was könnte nun die Mission eines Softwaretesters sein? Man mag sich viele Definitionen ausdenken, man kann verschiedene Schwerpunkte betonen, und dennoch scheint mir, dass sich alle Qualitätsbeauftragten, Tester, Testmanager u. Ä. in einem Punkt treffen: Ihre Mission besteht darin, Vertrauen zu schaffen – Vertrauen in die Software, die sie qualitätssichern und testen, Vertrauen in das Produkt und auch Vertrauen in das Unternehmen, das die Software vertreibt.

Manchmal liest man, es sei in erster Linie die Aufgabe des Abnahmetests, beim Kunden Vertrauen in das Produkt zu erzeugen. Aber eigentlich geht es beim Testprozess in jeder einzelnen Testphase darum, Vertrauen zu erzeugen. Wenn die Entwicklung noch nicht weit fortgeschritten ist, geht es darum, möglichst schnell gröbere Fehler zu finden und so der Entwicklung Vertrauen in den eigenen Entwicklungsfortschritt zu geben. In dieser ersten Phase genügt es ja zu zeigen, dass die eben entwickelte Software nicht bodenlos schlecht ist, auch wenn sie noch nicht den endgültigen Reifegrad erreicht hat.

Testen als vertrauensbildende Maßnahme

In den nächsten Phasen kommt es darauf an, das Vertrauen der Projektbeteiligten sowie des Managements zu gewinnen, und in der Abnahmephase geht es schließlich darum, den Kunden zu überzeugen.

Eine Software ist erst dann einsetzbar, wenn die Umwelt ihr ein Mindestmaß an Vertrauen entgegenbringt: Das Management, die Projektleitung, die Entwickler, vor allem aber die Kunden benötigen Vertrauen in das, was da als Software entstanden ist. Vertrauen ist bekanntlich ein zartes Pflänzchen, das schnell zerstört werden kann. Das macht die vertrauensbildende Mission der Qualitätssicherung (QS) und des Tests umso wichtiger. Die Tester zeigen den Entwicklern und der Projektleitung, wo das Projekt in Sachen Qualität steht und was noch zu tun bleibt.

Vertrauensbildung auf unterschiedlichen Teststufen

2.2.2 Was von einem Testteam erwartet wird

Tester stehen im Kreuzfeuer vielfältiger Erwartungen. Je nachdem, wie sie organisatorisch eingebunden sind, wechseln die Parameter etwas, aber die Grundstruktur bleibt dieselbe. Da steht auf der einen Seite die Projektleitung, die schnelle Ergebnisse erwartet. Da sind die Entwickler, von denen der Tester abhängig ist und die mehr oder weniger zugänglich und kommunikativ sind. Da gibt es ein Testmanagement, das mit Informationen gefüttert werden will. Da gibt es einen Vorgesetzten, der bis zu einem gewissen Grad von den Ergebnissen und der Leistungsfähigkeit des Entwicklers abhängig ist, gleichzeitig aber den Tester beurteilt. Und es gibt schließlich auch noch die lieben Kollegen, mit denen der Tester zusammenarbeiten will oder muss. Alle Beteiligten erwarten Ergebnisse und Informationen, möglichst viel, möglichst schnell, möglichst ohne spürbar den Fortschritt der Softwareentwicklung zu stören.

Anforderungen der Projektleitung an das Testteam

Doch der Reihe nach. Was will die Projektleitung bzw. das Management?

Für die Projektleitung ist alles, was mit Test und Qualitätssicherung zusammenhängt, zunächst einmal ein notwendiges Übel, ein Kostenfaktor, auf den man aber leider schlecht verzichten kann. Das liegt daran, dass Testen einerseits Geld kostet und sich im Budget unschön bemerkbar macht, dass aber andererseits eine nicht oder schlecht getestete Software mittlerweile von keinem Kunden mehr akzeptiert wird.

Was die Projektleitung von den Testern will

Das war nicht immer so. In den guten alten Zeiten der kommerziellen Softwareentwicklung war der Testaufwand für normale Applikations-Software ohne besondere Sicherheitsauflagen denkbar gering. Außer den Komponententests der Entwickler und einem Abnahmetest der Gesamtapplikation tat sich eigentlich wenig, was die Kunden einstmals zwar zähneknirschend, aber dann doch akzeptierten. Die Bezeichnung »Bananensoftware – reift beim Kunden« traf durchaus den Kern des Problems.

Das hat sich in kurzer Zeit grundlegend geändert. Heute erwarten Kunden einfach eine durchgetestete und funktionierende Software, keine vorläufige Beta-Applikation, die dann und wann mit interessanten Überraschungen und Abstürzen aufwartet. Mit der Erwartung an die Qualität der Software steigt auch die Erwartung an die Qualität der Tester, des Testmanagements und der Qualitätssicherung.

Zu hohe und zu niedrige Anforderungen der Projektleitung an die Fähigkeiten des Test- und Qualitätsteams führen allerdings zu erheblichen Reibungsverlusten. In beiden Fällen wird das vorhandene Potenzial nur unzureichend genutzt. Wie die Abbildung zeigt, werden optimale Arbeitsergebnisse immer dann erzielt, wenn die Anforderungen mit dem Können korrelieren und sich die Aufgabenbewältigung zwischen Boreout und Burnout bewegt. Dann kann der »Flow« einsetzen, das Fließen und Strömen, das Vertiefen und Aufgehen in der Tätigkeit.

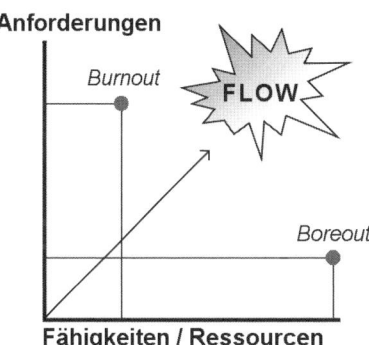

Abb. 2–1

Anforderungen an die Mitarbeiter zwischen Boreout und Borneout (nach Mihaly Csikszentmihalyi)

Wer als Projektleiter oder Manager die Mitarbeiter (in diesem Fall die Tester und Testmanager) überfordert, wird Unwillen und Krankmeldungen ernten. Wer seine Qualitätstruppe unterfordert (»Boreout«) und ihr keine interessanten und fordernden Tätigkeiten überträgt, muss allerdings ebenfalls mit Reibungsverlusten und hohen Kosten rechnen.

Umgang der Projektleitung mit dem Testteam

Die Rolle des Testers aus Sicht der Projektleitung

Die Projektleitung steht von Anfang an vor einem Dilemma: Test muss zwar sein, soll aber möglichst wenig kosten. Diese Erwartungshaltung gibt die Projektleitung bewusst oder unbewusst an die Tester weiter.

Aus der Sicht von Management und Projektleitung sollte ein Tester schnell sein, zuverlässig, belastbar und möglichst billig. Manchmal ist ein Testmanager zwischengeschaltet, der für das Management dann der primäre Ansprechpartner in Sachen Qualität ist.

Die Anforderungen der Projektleitung

Mit Test und Qualitätssicherung lassen sich kaum Meriten für das Management erwerben, entsprechend gering ist normalerweise deren Interesse an diesem Bereich. Erst wenn die Qualität der Software auffallend schlecht ist oder sich der Kunde beschwert, wird klar, wie wichtig doch eine funktionierende Qualitätssicherung ist und dass auch der Test ohne Managementunterstützung nicht gedeihen kann.

Warum das Management den Test ernst nehmen sollte

Die Rolle des Testers aus Sicht der Entwickler

Für die Entwickler sieht die Tätigkeit des Testers wieder anders aus. In deren Augen ist der Tester zwar jemand, der einerseits mit Fragen nervt, aber andererseits auch etwas bringt. Obwohl Tester manchmal schlechte Nachrichten überbringen, sind viele Entwickler doch ganz froh, wenn sie zu der von ihnen geschriebenen Software ein Feedback von neutraler Seite erhalten. Für die Entwickler erleichtert das die Einschätzung, welches Qualitätsniveau sie selbst und auch ihre Kollegen erreicht haben. Wenn alles gut läuft, bilden Entwickler und Tester nach einiger Zeit der Zusammenarbeit ein funktionierendes Team, was letztlich allen Beteiligten zugutekommt.

Strukturelle Konfliktpotenziale zwischen Entwicklern und Testern

Natürlich geht das nicht immer so glatt. Entwickler können die Tätigkeit eines Testers manchmal durchaus als destruktiv empfinden, tut der Tester doch offensichtlich nichts anderes, als an dem schönen Sourcecode herumzukritteln. Hier lauert strukturell bedingtes Konfliktpotenzial zwischen Entwicklern und Testern: »Ein Tester findet Fehlerwirkungen in der Software bzw. im Arbeitsergebnis eines Fachkollegen. Er schreibt eine Fehlermeldung und legt damit die Fehler mehr oder weniger schonungslos offen. [...] Für die Kommunikation in Gegenrichtung gilt dies gleichermaßen. Auch der Tester ist nicht ›schuld daran‹, dass Fehlerwirkungen auftreten, und kann zu Recht erwarten, eine sachliche, durchdachte Antwort auf jede seiner Meldungen zu erhalten« [Spillner et al. 2008, S. 275].

Entwickler können andererseits gegenüber Testern ziemlich arrogant auftreten, was die Tester wiederum motiviert, bei einem solchen Entwickler ganz genau hinzusehen und möglichst viele schöne Fehler zu finden. Wenn ein Team aber über eine gute Kommunikationskultur und etwas Teamgeist verfügt, sollten sich solche Reibungsverluste ohne allzu viele Nebengeräusche schnell lösen lassen. Gute und erfahrene Entwickler wissen darüber hinaus, dass Testen von Software eine hochkomplexe Tätigkeit ist, die der Entwicklung von Code nicht nachsteht. Jene Entwickler, die das noch nicht wissen, werden es im Laufe der Zeit erfahren: »The unexpectedly hard part of building a programming system is system test. [...] system debugging will take longer than one expects, and its difficulty justifies a thoroughly systematic and planned approach« [Brooks 1995, S. 147].

Hilfreich ist es allemal, wenn jeder der Beteiligten weiß, wo er steht, was er erwarten kann und was von ihm erwartet wird: Der Tester darf vom Entwickler erwarten, dass der ihn bei Fachfragen unterstützt, z. B. wenn ein Test nur durch Eingriff in den Code bzw. die Konfiguration durchgeführt werden kann. Umgekehrt darf ein Entwickler erwarten, dass er über gröbere Fehler und die allgemeine Softwarequalität auch ohne ständiges Nachfragen aufgeklärt wird.

Große Unterstützung durch das Management darf der Tester indes nicht erhoffen, dazu liegt seine Tätigkeit zu weit außerhalb des Fokus. Das Management, das am Ende die Rechnung zahlt, darf von »seinen« Testern erwarten, dass sie ihren Job solide erledigen und valide Testergebnisse liefern.

Aufklärung der Entwickler über die Softwarequalität

Aus der Praxis:
Wie Kommunikation zwischen Testern und Entwicklern aus dem Ruder laufen und wieder stabilisiert werden kann

Ein eindrückliches Beispiel, wie die Kommunikation zwischen Entwicklern und Testern schieflaufen kann, beschreibt Graham Bath in dem vielen Testern bekannten Buch »Praxiswissen Softwaretest – Test Analyst und Technical Test Analyst«:

»Ich nahm einmal eine Stelle als Testmanager in einem Unternehmen an, in dem die Beziehung zwischen der Test- und Entwicklungsabteilung alles andere als positiv war. […] Ich schaute am Arbeitsplatz eines Entwicklers vorbei und fragte nach seinem Hund (er hatte ein Bild seines Hundes auf dem Schreibtisch stehen). Er war sichtlich erstaunt und beantwortete meine Fragen mit einem Ton der Verwunderung. Nachdem wir uns 10 Minuten lang unterhalten hatten, fragte er mich nach dem eigentlichen Grund meines Besuchs. Ich sagte ihm, dass ich Hunde mag. Er war nun noch mehr verwundert. […] Die Feindseligkeit, mit der man mir gegenübertrat, hatte sich also in monatelanger ineffektiver oder gar feindseliger Kommunikation aufgebaut. […]

Als ich den Testern erklärte, dass die Entwickler ihr Auftreten als aggressiv und anschuldigend wahrnahmen, waren sie schockiert. Sie hatten nicht die Absicht, so zu wirken. Sie willigten ein, in Zukunft auf ihre Kommunikationsweise zu achten und auch manchmal bei einem Entwickler vorbeizuschauen, ohne etwas zu wollen. […]

Manchmal genügen ein oder zwei negative Situationen, um Kommunikationsprobleme eskalieren zu lassen. Je mehr sich die Parteien zurückziehen, desto mehr spitzt sich die Situation zu.« [Bath & McKay 2011, S. 379 f.]

Welche Lehren kann man aus diesem Beispiel ziehen? Ganz offensichtlich bewährt es sich, die Kommunikation im Projekt nicht nur auf das Geschäftliche zu beschränken. Wer gemeinsame Hobbys oder Interessen entdeckt, hat eine ganz andere, lebendigere Beziehung zum anderen und wird entsprechend effektiver kommunizieren können (»kurze Wege«).

Das bereichert privat, bringt aber auch im Projekt bessere Stimmung und mehr Effizienz. Wenn im Projekt die Stimmungslage sinkt oder es gegen Ende zu »heiß hergeht«, kann man sich erfahrungsge-

Vom Nutzen privater Kommunikation

mäß am besten auf die Projektmitarbeiter verlassen, zu denen man auch einen privaten Draht gefunden hat.

> *Management ist die schöpferischste aller Künste.*
> *Es ist die Kunst, Talente richtig einzusetzen.*
>
> Robert McNamara

Die Rolle des Testmanagers

Größere Projekte verfügen in der Regel nicht nur über Tester, sondern ab einer bestimmten Menge an Testern auch über einen eigenen Testmanager. Dessen Aufgabe besteht normalerweise darin, die Tester zu koordinieren, Testkonzepte und Teststrategien zu entwickeln sowie Testpläne in Absprache mit der Projektleitung festzulegen.

So weit die Theorie. Der Testmanager steht also zwischen den Testern, »seinem« Testteam, und der Projektleitung bzw. dem Management. Er muss die Kommunikation »nach unten« und »nach oben« aufrechterhalten und reibungslose Abläufe im sowie um das Testteam garantieren. Während das Management schnelle Ergebnisse sehen will, hat der Testmanager das Funktionieren seines Teams im Fokus und lässt sich dabei ungern reinreden. Hier den richtigen Ausgleich und den passenden Ton zu finden, ist seine Aufgabe und Herausforderung.

Zwischen Testteam und Projektleitung

Auch das Verfassen von Statusberichten sowie die Teilnahme an zahlreichen Meetings gehören zu den kommunikativen Aufgaben eines Testmanagers. Zwischendurch soll er sein Team bei Laune halten, aber auch die Ergebnisse kontrollieren. Um möglichst viel zu erfahren und jederzeit zu wissen, wo der Test gerade steht, sollte er ein gutes Verhältnis zu den einzelnen Testern pflegen, darf andererseits aber auch nicht nur Kumpel sein, sondern muss sich einen Rest von Autorität bewahren. Das erfordert Fingerspitzengefühl, Kommunikations- und Führungsfähigkeit, sozusagen die »klassischen« Soft Skills. Nach Meinung des Marburger Persönlichkeitspsychologen Asendorpf hat im Erwachsenenalter »die Persönlichkeit einen deutlichen Einfluss auf die Gestaltung von Beziehungen« [Asendorpf & Banse 2000, S. 227].

So muss der Testmanager seine vielen Beziehungen im komplexen Projektumfeld vorwiegend mit der Kraft seiner Persönlichkeit gestalten. Das gilt ganz besonders, wenn der Testmanager über keinerlei »formale Macht« verfügt und z.B. als Externer in das Testteam eingegliedert ist. Für die Gestaltung all dieser Beziehungen gibt es leider kein Kochrezept, da helfen nur Erfahrung und Selbstvertrauen.

Von zentraler Bedeutung für den Testmanager ist sind die Beziehungen zu »seinem« Testteam und zum Projektmanagement.

Beide Beziehungen kann der Testmanager gestalten, bei beiden ist umfassende und häufige Kommunikation entscheidend. Wenn das Team schlecht informiert ist, wird es irgendetwas tun, aber nicht unbedingt das, was der Testmanager sich vorstellt. Wenn das Management schlecht informiert ist, wird es misstrauisch und das Verhältnis zum Testmanager wie auch zum ganzen Testteam leidet. Erwachendem Misstrauen kann der Testmanager durch Aufklärung, Reporting, aussagekräftige Statusberichte entgegenwirken und im besten Fall bekommt er die Kommunikation »nach oben« wieder in den Griff. Im schlechtesten Fall ist die Atmosphäre vergiftet und das Misstrauen bereits unüberwindlich. Dann hilft meist nur noch ein Auswechseln des Testmanagers.

Der Testmanager und sein Testteam

Auch für die eigenen Leute bildet der Testmanager eine Projektionsfläche. Testmanager bieten reichlich Angriffsfläche für Kollegen und auch für Stakeholder, die sich aus irgendwelchen Gründen benachteiligt fühlen. Neben guten kommunikativen Fähigkeiten sollte der ideale Testmanager also auch über gute Nerven verfügen und nicht alles persönlich nehmen.

> Die **eindeutige Klärung der Rollen** im Projekt ist für Testmanager und Tester unverzichtbar. Hierbei sind die Soft Skills Selbstwahrnehmung, Selbstbewusstsein und die Erkenntnis der Motive anderer nutzbringend und erfolgversprechend.

2.3 Umgang mit Budgets und Schätzungen

Egal ob Tester oder Testmanager, immer wird die Projektleitung oder das Management von ihm wissen wollen, wie lange der ganze Test insgesamt dauern wird, wie lange die aktuelle Testphase und wo eigentlich die Ergebnisse bleiben. Wenn der Test dann weitgehend oder teilweise abgeschlossen ist, wird eine Antwort auf die Frage erwartet, welchen Qualitätsstand man denn jetzt eigentlich erreicht hat (was auch mit der unausgesprochenen Frage zu tun hat, ob sich die ganze Testerei denn nun überhaupt gelohnt hat). Eine der wesentlichen Soft Skills eines Testers/Testmanagers besteht u.a. darin, mit den Themen Budget und Schätzung professionell umzugehen und seine diesbezügliche Sichtweise angemessen zu kommunizieren.

Es dürfte klar sein, dass in einem Softwareprojekt die Frage nach der Zeit, die man auf den Test verwenden will, eng mit dem Budget zusammenhängt. Je mehr Zeit das Projekt für das Testen veranschlagt, umso mehr Budget wird verbraucht. In vielen Projekten haben die Projektleiter, die oft auch für das Budget verantwortlich sind, bereits zu Projektbeginn eine feste Vorstellung, wie viel Zeit oder Geld sie für

Professioneller Umgang mit Budgets und Schätzungen

Konzeption, Entwicklung und Test ausgeben wollen. Erfahrungsgemäß werden die Zeiten für den Test oftmals eher knapp und nach »Rules of Thumb« veranschlagt, wie z. B. Testkosten = 20 % der Entwicklungskosten.

Daumenregeln für Testkosten

Hier die eigenen Zeitschätzungen anzubringen und durchzusetzen, kann zu einer kommunikativ äußerst herausfordernden Aktion werden. Hier gilt es viel zu verargumentieren: Das eigene Verständnis von Test und Qualität, letztlich das eigene Selbstverständnis als Tester bzw. QS-Verantwortlicher steht auf dem Prüfstand. Da gilt es abzuwägen, wo man nachgeben will oder nicht, wann es sich eher lohnt, auf ein Projekt zu verzichten, als den eigenen Ansprüchen nicht gerecht zu werden und letztlich seinen Ruf zu ruinieren.

Abb. 2–2
Die optimistische, realistische, sinnvolle und pessimistische Schätzung (Wahrscheinlichkeitsfunktion bei 3-Punkt-Schätzung, Quelle: Wikipedia, nach Wolfram Müller)

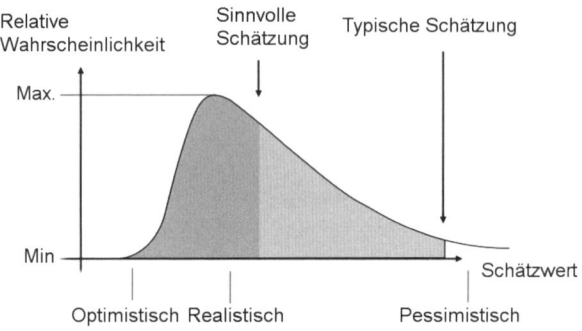

Die hier dargestellte Grafik zeigt die beträchtliche Differenz zwischen einer sinnvollen und einer typischen Schätzung.

Pessimistische und realistische Schätzungen

Die typische Schätzung wird meist von Entwicklern und Testern abgegeben. Sie ist eher pessimistisch und enthält große Sicherheitspuffer. Bei dieser offenkundigen Schätzunsicherheit stellt sich die Frage, ob Entwickler und Tester ungenutzte Reserven einkalkulieren oder ob die pessimistische Schätzung einfach berücksichtigt, dass in komplexen Projekten nicht alle Faktoren von Anfang an abschätzbar sind. Die pessimistische Schätzung kommt den Projektbeteiligten entgegen, wird aber von der Projektleitung meist nicht akzeptiert.

2.3.1 Wichtige Frage: Welcher Qualitätsstandard wird erwartet?

Vor allen Schätzungen zum Test gilt es die Frage zu klären, welche Qualität denn überhaupt durch das Testen erreicht werden soll. Die Antwort »natürlich die höchstmögliche Qualität« gilt meistens nicht, denn höchstmögliche Softwareentwicklung lässt sich nur mit enormem Aufwand und entsprechenden Kosten erreichen. Natürlich gibt es Ausnahmen und Bereiche, in denen Kosten kaum eine Rolle spielen, wie bei der Software zur Steuerung von Atomkraftwerken oder bei aufwendiger Medizintechnik-Software, doch davon ist hier nicht die Rede.

Besonders für den Testmanager ist es äußerst wichtig, die Frage nach der erwarteten Softwarequalität im Vorfeld genau zu klären, denn nach den Qualitätskriterien richten sich die Testziele und damit die weitere Teststrategie sowie die genaue Testplanung. Zur Klärung ist es hilfreich, ein paar Kennzahlen parat zu haben. Wenn der Kunde mit der Frage nach dem Qualitätsstandard überfordert ist, hat der Testmanager das Qualitätsniveau zunächst in Eigenregie zu bestimmen und das Thema zu einem späteren Zeitpunkt wieder aufzunehmen.

Die Frage nach der Qualität

2.3.2 Schätzhilfen

Warum beschäftigen wir uns hier mit einem scheinbar so abwegigen Thema wie der Schätzung von Testzeiten oder dem Umgang mit Lines of Code? Dafür gibt es einen ganz einfachen Grund: Tester werden häufig danach gefragt und von Testmanagern wird erwartet, dass sie entsprechende Antworten parat haben.

> Im souveränen Umgang mit dem Thema »Schätzungen« zeigen Tester und Testmanager **Kompetenz**, **Erfahrungswissen** und **Managementfähigkeit**.

Wenn den Testern zum Thema Zeit- und Qualitätsschätzung nicht mehr einfällt als: »Ja ... äh ... kann ich jetzt auch nichts dazu sagen«, dann wirkt dies höchst inkompetent und schwächt das Ansehen und die Stellung der Tester im Projektteam.

Eine einfache Annäherung an das Thema »Qualitätsstandard« bieten die »Lines of Code« (LoC), aus denen eine Softwarekomponente besteht. Die Lines of Code haben den unschätzbaren Vorteil, dass sie meist bekannt sind und von einer entsprechenden Entwicklungsumgebung (»IDE«) wie Eclipse oder Visual Studio ausgegeben werden. Natürlich hat Code an verschiedenen Stellen unterschiedliche Komplexitätsgrade, aber über mehrere tausend Codezeilen gleichen sich komplexe und weniger komplexe Stellen wieder aus. Nun zu den Zahlen:

Bei normaler Anwendungssoftware geht man als Daumenwert von einer Fehlerzahl von 25 Fehlern pro tausend LoC aus. Das klingt nach nicht viel, bei entsprechend großen Softwarepaketen führt dies jedoch zu erheblichen Fehlerzahlen. Ein relativ einfaches Betriebssystem wie MS-DOS kam noch mit 4000 LoC aus, während in einem modernen

Daumenwerte zu Fehlerzahlen

Auto bereits 2 Millionen LoC verbaut sind. Der Linux-Kernel 2.6 bestand noch aus 6 Millionen LoC, während der Kernel von Linux 3.6 bereits aus 11,5 Millionen LoC besteht – was u. a. zeigt, wie schnell in kurzer Zeit die Komplexität angewachsen ist. Ein wirklich komplexes Softwaresystem wie SAP/R3 besteht bereits aus 80 Millionen LoC. So exponentiell wie die Zahl der LoC steigt natürlich auch die Zahl der möglichen Softwarefehler.

Je höher die Anforderungen an die Sicherheit steigen, umso mehr muss getestet werden und umso stärker sinkt im Gegenzug die Produktivität. Bei mittelgroßen Programmen darf man einen Programmierfortschritt von 50 LoC pro Tag und Entwickler einschließlich der qualitätssichernden Maßnahmen erwarten. Bei großen Programmen sinkt die Produktivität bereits erheblich auf 10 bis 20 LoC pro Tag und Entwickler. Für das Management noch erschreckender sind die vergleichsweise winzigen Fortschritte bei einer sehr sicherheitskritischen Software.

Sicherheitskritische Software

Hier kann die Produktivität bis auf 1 bis 2 LoC pro Tag sinken. Entsprechend differieren kann die Zeit, die man für den Test benötigt: Sie kann für 1000 LoCs zwischen 25 und 185 Stunden liegen. Dass die Zahlen derartig unterschiedlich sind, liegt nicht zuletzt daran, dass zwischen Testaufwand und Testerfolg immer ein ausgewogenes Verhältnis herrschen muss. Testen um des Testens willen ist sinnlos – zu wenig Testen kann allerdings den Testaufwand genauso sinnlos machen. Hier den richtigen Weg zu finden, ist Sache der Erfahrung des Testmanagers.

Trotz allen Aufwands und auch wenn man 1000 LoCs 185 Stunden lang testet, kann damit doch niemals völlige Fehlerfreiheit garantiert werden. Wer vollständige Sicherheit durch vollständige Tests erreichen will, gibt sich einer Illusion hin. Das sollte der Tester bzw. Testmanager noch vor Testbeginn den beteiligten Entwicklern und Projektleitern klarmachen.

Faustregeln für den Testaufwand

Aus alledem folgt, dass es einige Faustregeln für das Schätzen von Testaufwand und Testdauer gibt, auch wenn man die Ergebnisse dann noch an die jeweilige Projektsituation anpassen muss. In einem Umfeld, das an die Relevanz von Zahlen, Kurven und Statistiken glaubt, lässt sich am besten mit der Überzeugungskraft von Zahlen argumentieren.

Zahlenangaben steigern die Glaubwürdigkeit.

Zahlenangaben steigern die Glaubwürdigkeit und vermitteln den Eindruck von Präzision, selbst wenn alle Beteiligten wissen, dass es sich nur um vorläufige Annahmen handelt. Wo – wie zu Beginn jedes Projekts – nur wenig verlässliches Zahlenmaterial zur Verfügung steht, geben Faustregeln zumindest einen vorläufigen Anhaltspunkt, auch wenn man die erste Schätzung im weiteren Verlauf des Projekts noch häufiger nachjustieren muss.

Was bringt das nun? Mit einer groben, aber in dieser Projektsituation passenden Schätzung zeigen Tester bzw. Testmanager Kompetenz und Erfahrungswissen. In einer Situation, in der die Kommunikation ohnehin schwierig wird, beweisen Tester und Testmanager die Fähigkeit zu handeln und das Projekt voranzubringen. Denn wenn auf die Frage nach der geschätzten Zeit alle mit »weiß nicht« antworten, wird die Projektleitung kaum einen vernünftigen Projektplan erstellen können. Sie muss sich dann auf eigene Schätzungen stützen. Damit ist weder der Projektleitung noch den Beteiligten wirklich geholfen, denn realistische Zeitschätzungen in einem Projekt können nur in einem Dialog der Betroffenen entstehen.

3 Soziale Kompetenz: Die Intelligenz der Gefühle

*Die größte Gefahr im Leben ist,
dass man zu vorsichtig wird.*

Alfred Adler

3.1 Motive und Antreiber

Aus der Praxis:

Menschen und ihre Motive zu beurteilen, gehört zur täglichen Arbeit von Testern und Testmanagern. Ein Testmanager sollte wissen, welcher Tester wie tickt, um ihn optimal in seinem Testteam einzusetzen. Der Tester, der vom Motiv »Neugier« getrieben ist, wird am besten dort eingesetzt, wo es um neue Technologien geht, wo neue Gebiete erforscht werden. Der Tester mit dem Hauptmotiv »Ruhe« arbeitet vermutlich am liebsten allein, aber konzentriert seine Testfälle ab. Der Tester mit dem Motiv »Ordnung« wird sich am wohlsten fühlen, wenn er Testfälle erstellen, Testsuites strukturieren und Tests priorisieren kann.

Auch für den Tester kann es ein immenser Vorteil sein, wenn er die Motive seines Projektumfeldes einordnen kann. Vermutlich hat es wenig Sinn, sich mit einem Projektleiter anzulegen, der vom Motiv »Macht« angetrieben ist. Hingegen kann die Diskussion mit einem Entwickler mit dem Hauptmotiv »Neugier« sehr anregend werden. Die Zusammenarbeit mit dem Kollegen, für den »Beziehungen« wichtig sind, dürfte leichtfallen. Der Kollege, für den »Status« wichtig ist, will vielleicht gerne die Teamergebnisse präsentieren.

Eine gewisse Vorstellung davon, was die Kollegen im Team motiviert und antreibt, kann die tägliche Arbeit für Tester und Testmanager erheblich erleichtern und verbessern.

Was die Persönlichkeit eines Individuums ist, was den eigentlichen Kern eines Menschen ausmacht, diese Frage beschäftigte schon die Philosophen der Antike. Dass ein Mensch sich von anderen sichtlich unterscheidet, dass Menschen verschiedene Eigenschaften und Antriebe haben, ist nicht neu.

Charakter und Temperament

Über Begriffe wie »Charakter« oder »Temperament« versuchte man sich an das heranzutasten, was den Menschen ausmacht. Der Einblick in das Innerste des Menschen sollte dabei nicht nur der Erkenntnis dienen, es kam dabei auch ein Aspekt der Macht ins Spiel: Denn wer weiß, wie Menschen grundsätzlich »ticken«, kann sie vielleicht auch seinen Wünschen entsprechend manipulieren.

3.1.1 Typologien

Eine erstaunlich lange Lebensdauer unter den Typologien zeigt die »Lehre von den vier Temperamenten«, die bis auf Hippokrates (* 460 v. Chr.) zurückgeht und die sich noch heute in der Alltagssprache manifestiert. Typologische Bezeichnungen wie »Phlegmatiker« oder »Choleriker« sind immer noch geläufig. Nach der Lehre von den vier Temperamenten mischen sich im Menschen die vier Körpersäfte gelbe Galle, schwarze Galle, Blut und Schleim. Sind die Säfte harmonisch gemischt, dann hat der Mensch ein ausgeglichenes Temperament. Wenn allerdings einer der Körpersäfte überwiegt, dann ist der Mensch ein Phlegmatiker (Schleim), Sanguiniker (Blut), Melancholiker (schwarze Galle) oder Choleriker (gelbe Galle).

Es gab und gibt neben der Lehre von den vier Temperamenten noch zahlreiche andere Versuche, Menschen zu typologisieren, doch keine davon konnte sich endgültig durchsetzen. Ein weiteres Beispiel einer uralten Typologie, der auch Aufklärung und Wissenschaft nicht den Garaus machen konnten, ist die Astrologie. Die Typologie nach Geburtsdatum erfreut sich bis heute einer starken Anhängerschaft, gerade auch in den vermeintlich aufgeklärten Industrieländern.

In der heutigen empirischen Psychologie wird die Existenz von Menschentypen dagegen generell bezweifelt.

3.1.2 Lebensmotive als Mittel zur Persönlichkeitsbeschreibung

Zweifellos ist Menschenkenntnis ein zentraler Soft Skill im Projektbetrieb. Menschenkenntnis benötigt jeder, der ein Team führen will, Menschen am richtigen Platz einsetzen möchte und Konflikte lösen muss. Menschenkenntnis heißt, Menschen einschätzen zu können und daraus zu schließen, was sie antreibt und wie sie sich in bestimmten

Situationen vermutlich verhalten werden. Menschenkenntnis fällt nicht vom Himmel, sondern wird erworben im Umgang mit Menschen, sie wächst und verbessert sich im Lauf der Zeit immer mehr. Das Ergebnis ist ein »Bauchgefühl«, das einem mit ziemlicher Treffsicherheit sagt, wie man jemanden einzuschätzen hat und mit ihm auskommen wird.

Bauchgefühl allein ist jedoch schwer greifbar. Wer vor sich und anderen argumentativ begründen muss, warum er jemanden eingestellt oder mit einer bestimmten Aufgabe betraut, hätte gerne etwas objektivere Kriterien.

Wie erläutert, führen Typologien nicht besonders weit beim Versuch, sich und andere besser zu verstehen. Vielversprechender wirkt der gegenwärtig oft praktizierte Versuch, Menschen und menschliche Persönlichkeiten auf dem Umweg über ihre Motive zu erfassen. Was will jemand wirklich und was treibt ihn an? Motive sind offensichtlich leichter erfassbar als die Persönlichkeit »als solche«. Außerdem haben Motive einen hohen deskriptiven Wert. Mit ihnen lassen sich Persönlichkeitsprofile differenziert und doch praktisch verwertbar abbilden.

Motive und Persönlichkeit

3.1.2.1 Die 16 Lebensmotive nach Steven Reiss

Einer der interessantesten und vielversprechendsten zeitgemäßen Ansätze zum Verständnis eigener und fremder Motive bzw. Antreiber stammt von dem amerikanischen Psychologen und Psychiater Steven Reiss. Dieser war bis 2008 als Professor für Psychiatrie und Psychologie an der Ohio State University in Columbus, Ohio tätig. Nach eigenen Aussagen entstand die Idee zu den »Reiss-Profilen« jedoch nicht aus theoretischen Erwägungen heraus, sondern während einer Lebenskrise, einer höchst bedrohlichen Krebserkrankung und der damit einhergehenden Frage nach dem Lebenssinn. Reiss fand damals zu der Erkenntnis, dass Schmerzen und Freude unser Verhalten weit weniger beeinflussen, als viele Psychologen bis dahin dachten. Freude ist nach Reiss eher ein Nebeneffekt der Erfüllung unserer wirklichen Bedürfnisse, aber kein Motiv für sich.

Reiss unterscheidet in seiner Untersuchung denn auch zwischen »Wohlfühlglück« und »wertebasiertem Glück«: »Wohlfühlglück entsteht durch angenehme und sinnliche Gefühle. [...] Im Gegensatz dazu beschreibt wertebasiertes Glück das allgemeine Gefühl des Wohlbefindens, das Menschen empfinden, wenn sie ihr Leben als sinnvoll betrachten« [Reiss 2009, S. 177].

Wohlfühlglück und wertebasiertes Glück

Im Verlauf seiner Untersuchungen kam Reiss schließlich zu dem Ergebnis, dass unser Verhalten sich vor allem auf 16 »Lebensmotive« zurückführen lässt, die für sich sinnstiftend sind und nicht auf weitere

Motive heruntergebrochen werden können. Reiss beruft sich bei seiner Theorie der Motive auf Vorarbeiten der Psychologen William James, William McDougall, Henry Murray und Abraham Maslow. Schon William James entwarf eine Liste von Lebensmotiven, die er für angeboren und – wie Reiss – für genetisch verankert hielt.

Mit der Aufstellung von mehr als 400 Motiven, Befragungen und anschließenden Bündelungen destillierte Reiss 16 Motive als die entscheidenden Grundmotive unseres Handelns heraus.

Die 16 Reiss-Motive

Hier eine Auflistung der Motive mit einer Kurzerklärung:

- Anerkennung:
  Bedürfnis danach, Kritik und Ablehnung zu vermeiden
- Beziehungen:
  Bedürfnis nach Freundschaft
- Ehre:
  Bedürfnis danach, sich moralisch integer zu verhalten
- Eros:
  Bedürfnis nach Sexualität
- Essen:
  Bedürfnis nach Nahrung
- Familie:
  Bedürfnis danach, seine eigenen Kinder großzuziehen
- Idealismus:
  Bedürfnis nach sozialer Gerechtigkeit
- Körperliche Aktivität:
  Bedürfnis danach, seine eigenen Muskeln zu bewegen
- Macht:
  Bedürfnis danach, andere dem eigenen Willen zu unterwerfen
- Neugier:
  Bedürfnis nach Kognition
- Ordnung:
  Bedürfnis nach Struktur
- Rache:
  Bedürfnis danach, mit jemandem abzurechnen
- Ruhe:
  Bedürfnis nach innerem Frieden
- Sparen:
  Bedürfnis danach, materielle Güter zu sammeln und anzuhäufen

- Status:
  Bedürfnis nach Prestige
- Unabhängigkeit:
  Bedürfnis nach Autarkie

Die Frage, warum Reiss gerade diese 16 Motive und gerade diese Zahl auflistet, führt immer wieder zu Diskussionen. Sicherlich ist dies der schwächste Teil seiner Motivtheorie. Das konkrete Vorgehen von Reiss zur Auffindung der Zahl 16 ist nicht beschrieben, man könnte sich ebenso gut 15 oder 53 Basismotive vorstellen. Trotz der Fragebögen und Probanden, mit denen Reiss arbeitete: Man kann mit statistischen Methoden nahezu beliebige Motivgruppen aus einer Anzahl von Motiven herausdestillieren. Das US National Research Council hat deshalb den theoretischen und praktischen Nutzen derartiger Untersuchungen grundsätzlich angezweifelt.

Was für die Reiss-Methode spricht, ist jedoch ihre relativ einfache Anwendbarkeit und nicht zuletzt ihre Bewährung in der Praxis.

Mit den Reiss-Profilen arbeiten Dax-Unternehmen wie auch Vereine der Fußball-Bundesliga. Die Reiss-Profile haben praktische Stärken und theoretische Schwächen, und erst die Zeit wird zeigen, ob es sich bei ihnen größtenteils um eine Modeerscheinung handelt (wie bei Belbins Teamrollen, siehe Abschnitt 6.2.2) oder ob sie auf Dauer ihre Fähigkeiten als »Beurteilungsinstrument« beweisen können.

Praktische Verwendung der Reiss-Profile

Eine ausführliche Darstellung des Ansatzes von Steven Reiss findet sich in Anhang A.2.

3.2 Motivation und Arbeitszufriedenheit

Nachdem wir von Lebensmotiven und Antreibern gehört haben, geht es in diesem Abschnitt nun darum, wie man die vorhandenen Antreiber aktiviert, also sozusagen »die Kraft auf die Straße bringt«. Das Wort Motivation leitet sich ab vom lateinischen Verb movere, was »bewegen« bedeutet. Motivation bezeichnet eine Menge an psychischen Prozessen, die uns dazu bringen, dass wir uns auf ein Ziel hinbewegen. Dabei ist die sprachliche Verwendung bereits verräterisch. Motivation bezeichnet eigentlich den inneren Zustand eines Individuums: Dieses kann motiviert oder eben nicht motiviert sein, etwas zu tun. Die alltägliche Verwendung des Wortes »Motivation« (»Der Kollege ist nicht motiviert«) meint allerdings eher »Motivierung«. Auch das Wort Teammotivation meint eigentlich Teammotivierung, steht dahinter doch die Frage, wie man ein Team dazu bringt, etwas Bestimmtes zu tun oder einen bestimmten Output zu erzeugen. Das Wort »Motivierung« wird allerdings bewusst vermieden, es klingt doch zu sehr nach Manipulation und Fremdsteuerung.

Motivation und Motivierung

Das Thema Motivation begleitet uns ständig, beruflich wie privat. Lehrer fragen sich, wie sie ihre Kinder motivieren sollen, für jede Führungskraft ist es enorm wichtig, die Untergebenen motivieren zu können. Warum streben wir eigentlich nicht von selbst ständig hochmotiviert auf unsere beruflichen und sonstigen Ziele zu? Dafür gibt es mehrere Gründe. Ein wichtiger Grund ist sicherlich der, dass man zunächst einmal eines oder mehrere Ziele haben muss, wenn auf ein solches zustreben will. Im Berufsleben ist die Vorgabe von Zielen eine zentrale Managementaufgabe, vom obersten Vorstand bis zum kleinsten Gruppenleiter. Wer keine attraktiven, dafür aber verbindliche Ziele vorgibt, darf sich nicht wundern, wenn es bei den Mitarbeitern an der Motivation und auch an der »Mitarbeit« hapert.

Ein weiterer Grund für geringe Motivation kann die mangelnde Anziehungskraft eines Ziels oder Zustands sein. Jeder kennt das: Wenn ich die Wahl habe, entweder eine Runde Joggen zu gehen oder mich vor den Fernseher zu setzen, siegt in vielen Fällen der Fernseher. Bei Handlungsalternativen wägt der Mensch intern ab, welche die meisten Anreize bietet. Das hängt u. a. damit zusammen, dass der Mensch dazu neigt, kurzfristigen Belohnungen den Vorzug vor langfristigen Zielen zu geben. Das ist dann der altbekannte »innere Schweinehund«, der überwunden sein will.

Was ist Motivation?

Nach einer Definition, die den Ergebnissen der heutigen Organisationspsychologie entspricht, ist Motivation »das Produkt aus individuellen Merkmalen von Menschen, ihren Motiven und den Merkmalen einer aktuell wirksamen Situation, in der Anreize auf die Motive einwirken und sie aktivieren« [Nerdinger, Blickle & Schaper 2008, S. 394].

Demnach müssen die innere und die äußere Situation zusammenpassen, damit Motivation als Ausrichtung auf ein Handlungsziel entsteht.

3.2.1 Warum Prämien und Boni nicht motivierend sind

Wer für sich oder sein Team ein zumindest ordentliches Projektergebnis oder vielleicht sogar Spitzenleistungen anstrebt, wird am Thema Motivation nicht vorbeikommen. Allerdings ist die Motivation, oder besser gesagt »Motivierung« von Mitarbeitern ein hehres Ziel. Das weiß jeder, der schon einmal versucht hat, eine unwillige Mannschaft auf Kurs bzw. zu erhöhter Leistung zu bringen. Motivation ist ein komplexes Phänomen, an dem sich schon Generationen von Psychologen und Managementtrainern abgearbeitet haben.

Vor einigen Jahren warf der Managementberater und Autor Reinhard K. Sprenger mit seinem Buch »Mythos Motivation« einige schwere Wackersteine in den ruhigen Teich der Management- und Motivationstrainer und bis heute schlagen die Wellen an die Ufer. Sprenger behauptet, dass alle Belohnungssysteme für Mitarbeiter wie Prämien, Boni, Firmenwagen, Incentive-Reisen u.a. eher kontraproduktiv sind und letzten Endes die vielleicht noch vorhandene Arbeitsmotivation restlos zerstören. Sprenger geht von dem Gedanken aus, dass jedes Belohnungssystem und Motivationssystem von einem Misstrauen gegenüber dem Mitarbeiter ausgeht: Der Mitarbeiter könnte noch viel mehr tun und wäre weniger träge, wenn es denn gelänge, ihn zu motivieren und seine vorhandenen Reserven anzuzapfen. Der Mitarbeiter hat also sichtlich ein Defizit.

Der naheliegende Gedanke ist der, dem Mitarbeiter zur Motivationssteigerung eine Belohnung für die Erreichung bestimmter Leistungsziele zu versprechen. Nach Sprenger ist dieser Ansatz völlig verkehrt, da man den Menschen durch ein Anreizsystem wie Prämien ja deutlich macht, dass man ihrer Grundmotivation nicht traut. Für den Mitarbeiter klingt das so, als ob er sich offenbar von allein nicht genug anstrenge, sonst müsste er ja nicht weiter von außen her motiviert werden. Plötzlich steht dann nur noch die Prämie im Fokus, nicht aber die Eigenmotivation des Mitarbeiters, die eigentliche Freude an der Arbeit. Tatsächlich hat sich herausgestellt, dass Prämiensysteme oder Firmenwagen immer nur kurzzeitig motivieren können.

Warum Belohnungssysteme sinnlos sind

Fehlende Motivation bedeutet nach Sprenger für einen Mitarbeiter ganz einfach, dass seine Talente in diesem Job oder in dieser Firma nicht zur Geltung kommen: »Fragen Sie sich: Lebe ich mein Talent? Tue ich das, was ich am besten kann? Tue ich das, was mir leichtfällt? Talent ist etwas, womit ich freiwillig gerne meine Zeit verbringe. Wenn irgendwo Blut, Schweiß und Tränen fließen müssen, bis tolle Ergebnisse herauskommen, dann ist das sicher kein Talent von mir. [...] Wenn Sie überzeugt sagen können: ›Ja, ich lebe mein Talent und bin auf dem richtigen Spielfeld‹, dann sollte es keine Motivationsprobleme geben« [Sprenger 2006].

An dieser Stelle kommen die Reiss-Motive wieder in den Blickpunkt: Mein Talent leben heißt meiner Grundmotivation folgen. Jemand, dessen Grundmotivation beispielsweise der Idealismus ist, wird mit Statussymbolen wie einem dicken Dienstwagen und einem imposanten Titel auf der Visitenkarte kaum zu motivieren sein. Wer als Manager ein Anreizsystem verwenden will, sollte sich im Klaren sein, was den Mitarbeiter wirklich motiviert. Jemandem, der das Hauptmotiv »Sparen« auslebt, kann eine Gehaltserhöhung sehr viel bedeuten, wohingegen er einen besonderen Titel eher als raffiniertes Druckmittel sehen wird.

3.2.2 Warum und wie man sich selbst motiviert

Auf den ersten Blick erscheint es ganz selbstverständlich: Nicht jeder Tag ist gleich, man ist mal mir mehr, mal mit weniger Freude bei seiner Arbeit und wer andere motivieren will, muss scheinbar auch die Fähigkeit haben, sich selbst zu motivieren. Mit Selbstmotivation will man sich in Münchhausen-Manier am eigenen Zopf aus dem Frustsumpf ziehen. Wie schon bei dem Lügenbaron ist es aber mit der Selbstmotivation nicht so einfach. Wer danach drängt, sich selbst zu motivieren, der sollte sich zunächst die Frage stellen, warum er überhaupt motiviert werden muss und ob nicht bereits eine massive Demotivation gegeben ist. Hinter dem Wunsch nach Selbstmotivation kann sich eine berufliche Über- oder Unterforderung verbergen, schlechte Arbeitsbedingungen, Stress mit Vorgesetzten oder den Kollegen. Wer sich mehr Selbstmotivation wünscht, der sollte zunächst (selbst)kritisch hinterfragen, ob nicht im täglichen Arbeitsumfeld die Demotivatoren zu finden sind.

Demotivatoren auffinden

Was bedeutet es eigentlich, »selbst motiviert zu sein«? Sicherlich ist damit nicht gemeint, pausenlos Hektik zu verbreiten oder besonders ehrgeizig zu sein. Selbstmotiviert arbeiten meint, seiner Tätigkeit mit Spaß und Freude nachzugehen, also das gerne zu tun, was man tut. Natürlich gibt es in jedem Beruf »Durchhänger«, saure Wochen und Routineaufgaben, die man nicht so furchtbar gerne erledigt, aber wem seine Arbeit Freude macht, der kommt über solche Motivationstäler gut hinweg.

Selbstmotivation hat viel zu tun mit Selbststeuerung sowie mit Kenntnis der eigenen Motivatoren und Antreiber. Je besser man seine Wünsche und Vorstellungen kennt, gerade was die Arbeit betrifft, desto mehr kann tun, um sie bewusst und gezielt zu erfüllen. Für die Analyse der eigenen Motivlage können die Reiss-Profile gute Anhaltspunkte geben.

In den meisten Fällen äußert sich mangelnde Selbstmotivation zunächst in einem dumpfen Gefühl der Unlust an der Arbeit. Das Aufstehen fällt schwer, der morgendliche Weg wird immer mühsamer, Gedanken über andere Firmen/Tätigkeiten/Vorgesetzte nehmen zu. Mit einem dumpfen Gefühl lässt sich indes wenig anfangen. Würde man aus purer Demotivation den vermeintlich einfachen Weg gehen und jetzt die Firma und den Arbeitsplatz wechseln, so würde dies womöglich zu keiner langfristigen Lösung führen, denn die Ursachen der mangelnden Motivation sind damit nicht beseitigt. Also gilt es erst einmal Klarheit zu schaffen.

- **Werden Sie sich klar über Ihre Demotivatoren!**
  Es kann sehr gut sein, dass an Ihrem Arbeitsplatz etwas nicht stimmt, was Sie aber (noch) nicht wahrhaben wollen. Das kann Ärger mit Vorgesetzten oder Kollegen sein oder ein insgesamt unmotiviertes Team (das kommt bei »sauergefahrenen« Testteams durchaus vor). Wenn Sie die Ursachen kennen, können Sie dagegen angehen und eventuell das Team wechseln. Wenn Sie das Testen dieser Software gerade unglaublich langweilig finden, können Sie vielleicht das Projekt wechseln oder erst einmal administrative Tätigkeiten übernehmen.

- **Werden Sie sich klar über Ihre Motivatoren!**
  Es gibt sicherlich einen Grund, warum Sie sich einmal für diesen Beruf entschieden haben. Vielleicht sind Sie Tester geworden, weil Sie sich für Technik begeistern können oder auch weil es Ihnen Spaß macht, eine Software auf Herz und Nieren zu testen und Fehler zu finden. Möglicherweise können Sie an diese »Urmotivation« wieder anknüpfen. Auch eine selbstkritische Betrachtung der eigenen Grundmotive nach Reiss kann hier sehr hilfreich sein: Was motiviert mich wirklich? Will ich mehr Ordnung in die Welt bringen? Ist die Familienehre für mich wichtig oder bin ich Idealist? Wo kann ich hier anknüpfen? Was ist in der Alltagsarbeit verloren und untergegangen, kann aber wieder hervorgeholt werden?

- **Werden Sie sich klar über Ihre Erfolge!**
  Sicherlich waren Sie in Ihrer Vergangenheit nicht völlig erfolglos. Was waren die Gründe für diese Erfolge? Was macht Ihre Arbeit für Sie erfolgreich bzw. erfolglos? Können Sie genau sagen, woran Sie den Erfolg eines Testers bzw. Testmanagers messen? Können Sie die Antworten in Ihrem jetzigen Projekt umsetzen?

- **Werden Sie sich klar über Ihre eigenen destruktiven Gedanken!**
  Viele Menschen haben einen »inneren Kritiker« in sich, der auch nach langen Arbeitstagen keine Ruhe und Entspannung aufkommen lässt. Überlegen Sie, ob Sie nicht zu streng, zu kritisch, zu perfektionistisch in Ihren Ansprüchen an sich selbst sind. Sie müssen Ihren Job erfüllen und nicht der beste Tester der Welt sein. Wenn das so ist, könnten Sie sich eventuell dazu überreden, manches lockerer zu nehmen?

- Werden Sie sich klar über den Sinn Ihrer Tätigkeit!
Die Tätigkeit des Testens ist anspruchsvoll, manchmal langweilig, aber immer wichtig. Machen Sie sich klar, was passieren könnte, wenn Sie Ihren Job gar nicht bzw. sehr schlecht machen. Kann die Software, die Sie testen, Menschen oder Tiere gefährden? Kann schlechte Software vielleicht eine Firma ruinieren? Die Testertätigkeit ist keine Beschäftigungstherapie, sondern hat massive praktische Auswirkungen.

- Werden Sie sich klar darüber, was an Ihrer Tätigkeit Spaß machen könnte!
Fast jede Tätigkeit hat irgendeinen Teilaspekt, der Spaß machen kann. Finden Sie gerne Fehler? Führen Sie gerne mit anderen zusammen Reviews durch? Diskutieren Sie gerne mit Entwicklern? Vielleicht können Sie Ihre Tätigkeit mehr und mehr auf jene Anteile beschränken, die Sie wirklich gerne tun.

- Überprüfen Sie Ihre eigenen Motivatoren!
Wie das vorausgegangene Kapitel gezeigt hat, kann eine Selbstanalyse der eigenen Motivatoren anhand der Reiss-Profile durchaus hilfreich sein bei der Suche nach den eigenen Antreibern. Warum testen Sie gerne oder warum koordinieren Sie gerne Gruppen? Geht es Ihnen um Ordnung oder um Neugier? Haben Status und Macht eine Bedeutung für Sie? Es lohnt sich in jedem Fall, diesen eigenen Antreibern auf die Spur zu kommen, denn in verschiedenen Verkleidungen werden Sie stets wieder mit Ihren Grundmotiven in Kontakt treten.

Arbeitszufriedenheit

Vor aller weiterführender Motivation aber müssen für jeden an einem Entwicklungsprojekt Beteiligten die Basics stimmen, die von Herzberg und seinen Mitarbeitern 1959 als »Hygienefaktoren« bezeichnet wurden. Dazu gehören extrinsische Faktoren (d.h. Faktoren, die außerhalb der Tätigkeit liegen) wie z.B., dass die Arbeitsplätze erträglich ausgestattet sind, eine angemessene Bezahlung und ein Ausgleich für Überstunden und Wochenendarbeiten (kommen bei Testteams öfter mal vor), die Unternehmenspolitik, die Führung durch den Vorgesetzten, die Beziehungen im Team sowie ein sicherer Arbeitsplatz.

Das Vorhandensein der »Hygienefaktoren« führt per se noch nicht zu Zufriedenheit, »sondern es entsteht ein neutraler Erlebniszustand, der als Nicht-Unzufriedenheit bezeichnet wird« [Nerdinger, Blickle & Schaper 2008, S. 396].

Zufriedenheit an der Arbeit erzeugen dagegen die intrinsischen Faktoren der Arbeit wie Anerkennung, Arbeitsinhalte, Leistungserlebnisse wie auch Aufstiegsmöglichkeiten. Aufbauend auf den Arbeiten von Herzberg beschreibt das »Job Characteristics Model« von Hackman und Oldham (1980), welche Faktoren Arbeitszufriedenheit und Mitarbeitermotivation fördern können.

Nach dem »Job Characteristics Model« wird eine Aufgabe dann als motivierend empfunden, wenn sie fünf Merkmale erfüllt:

Wann ist eine Aufgabe motivierend?

- **Anforderungsvielfalt:**
  Die Aufgabe sollte unterschiedliche intellektuelle und soziale Fähigkeiten fordern.
- **Ganzheitlichkeit:**
  Dies ist dann gegeben, wenn der Mitarbeiter ein ganzes Produkt oder eine ganze Dienstleistung erstellt.
- **Bedeutsamkeit:**
  Eine nützliche Tätigkeit, die einen Beitrag zu den Unternehmenszielen leistet, wird als bedeutsam empfunden.
- **Autonomie:**
  Eigenverantwortliche Wahl der Arbeitsmittel, eigenständiges Festlegen von Teilzielen
- **Rückmeldung:**
  Rückmeldungen zur Aufgabe geben die Möglichkeit, den eingeschlagenen Weg zu korrigieren.

Mitglieder eines Test- und Qualitätsprojekts sind motiviert, wenn sie einen Sinn in ihrer Tätigkeit sehen und das Gefühl haben, einen konstruktiven Beitrag zum Gesamtprojekt zu leisten. Tester, die sich akzeptiert und gebraucht fühlen, gehen entsprechend motiviert ans Werk. An dieser Stelle sind die Führungskräfte gefragt.

Eine der wichtigsten Aufgaben von Führungskräften besteht darin, Leitbilder und Ziele zu entwickeln, gemeinsame Strategien zu schaffen und so für das Team Sinn zu stiften. Die Aufgabe eines Testmanagers in Sachen »Motivation« ist dann gelöst, wenn die Tester sich selbst steuern und ihre Konflikte konstruktiv lösen können. Die Führungskraft hat dann keine Kontrollfunktion mehr, sondern fungiert lediglich als Coach des Teams und als Supervisor. Im normalen Alltag funktionieren gute Teams auch ohne Führungskraft.

Motivation durch Führungskräfte

3.2.3 Wie man ein Testteam motiviert

Es lassen sich vielerlei Gründe finden, warum ein Testteam nicht von sich aus den gewünschten Output beim Testen entwickelt und offensichtlich mit mangelnder Motivation zu kämpfen hat. Beispielsweise gibt es Teams, für die das Testen nur eine Nebenbeschäftigung darstellt und die eine andere Hauptaufgabe haben, z. B. die Überwachung eines Verfahrens. Solche Teams verstehen nicht immer, was ihre Arbeit bringen soll, und sehen keine Anbindung an das große Ganze. Oder ein Testteam testet zwar, liefert aber bei Weitem nicht den Output, mit dem man zu Projektbeginn einmal geplant hatte. Dann ist das Team möglicherweise nie zu einem wirklichen Team geworden, sondern es ist bei einer Gruppe von Individuen geblieben, die sich gegenseitig nicht anregen, sondern eher ignorieren.

Was ein Team motivieren kann, wurde schon mehrfach angesprochen: klare Zielsetzungen (durchaus eine »Vision«), eine klare Rollenverteilung, eine herausfordernde, aber befriedigende Tätigkeit, die im besten Fall zu eine »Flow-Erlebnis« führt, sowie – dies betont besonders Uwe Vigenschow – eine allgemeine Wertschätzung im Unternehmen sowie die Wertschätzung der Kollegen untereinander: »Die Wertschätzung erfolgt dabei bidirektional: Ich schätze die Beiträge meiner Kollegen und sie die meinen. In dieser Atmosphäre möchte jeder gerne etwas zum Ergebnis beitragen« [Vigenschow, Schneider & Meyrose 2012, S. 266].

Eine nicht zu unterschätzende Rolle spielen außerdem die Teamgröße und die Zusammensetzung des Teams für die Motivation. Vigenschow weist daraufhin, dass die ideale Teamgröße zwischen drei und neun Personen liegt [Vigenschow, Schneider & Meyrose 2012, S. 276]. In einem derartigen Team sind die Eigenheiten und Fähigkeiten der einzelnen Teammitglieder für jeden gut sichtbar und einschätzbar. Die Motive der einzelnen Teammitglieder wird ein allzu großes Team nicht mehr berücksichtigen können – zum Schaden der Effizienz des Gesamtteams.

Was jedenfalls nicht zu guten Teamerfolgen führt, ist der Drang mancher Führungskräfte, aus jeder Zusammenarbeit zwanghaft ein Team zu machen. Das führt nur zu Pseudoteams, die sich selbst gar nicht mehr als Team verstehen und entsprechend wenig Teammotivation aufbringen. Maliks Warnungen haben an dieser Stelle durchaus ihre Berechtigung: »Weil Teamarbeit so häufig geworden ist, ist sie auch zu einer Quelle der Ineffizienz geworden. Viele ›Teams‹ sind gar keine; es sind nur Gruppen. Sie werden unüberlegt zusammengestellt, man durchdenkt zu wenig, wer mitwirken soll und wer nicht; Aufgaben und Arbeitsweise werden schlampig definiert; man definiert häufig die Ziele zu wenig präzise« [Malik 2006, S. 273].

Wer ein Team motivieren will, muss demnach beachten:

- Ein Team benötigt ein klar und eindeutig formuliertes Ziel.
- Die Teammitglieder wollen das Gefühl haben, dass sie eine wichtige, notwendige und sinnvolle Arbeit verrichten.
- Ein Team darf nicht zu groß werden.
- Ein Team benötigt Zeit, um zusammenzuwachsen. »Teamspirit« stellt sich nicht von selbst ein, sondern muss vom Management gefördert und gewollt werden.

Klare Ziele zu kommunizieren und den Teamgeist zu entfachen, ist Sache des Managements. Denn nichts motiviert mehr als das Gefühl einer zufriedenstellenden eigenen Leistung (siehe dazu die nähere Begründung in Abschnitt 6.2.4), die zu einem größeren Ganzen beiträgt. In dieselbe Richtung gehen auch die Empfehlungen des ISTQB-Lehrplans für Testmanager zur Motivation von Testern [ISTQB 2007, S. 119/120]: »Es gibt viele Möglichkeiten, die einzelnen Testmitarbeiter zu motivieren, darunter

- Anerkennung für die bewältigten Aufgaben,
- Einverständnis des Managements,
- Respekt im Projektteam und in der Gruppe,
- angemessene materielle Anerkennung der geleisteten Arbeit (einschließlich Gehalt, Leistungszulagen und Bonuszahlungen).«

3.2.4 Was ein Testteam demotiviert

Vor aller Motivation kommt es für Manager, Projektleiter und Testmanager zunächst einmal darauf an, der Mannschaft die vorhandene Motivation nicht durch ungeschicktes Handeln oder Kommunizieren sozusagen aus Versehen zu nehmen. Aber was demotiviert einen einzelnen Tester bzw. ein ganzes Testteam?

Ein starker Demotivator ist beispielsweise das Gefühl von Sinnlosigkeit der Tätigkeit und von fehlender Anerkennung für geleistete Arbeit.

Sinnlosigkeit als Demotivator

> **Fallbeispiel**: In einem Großprojekt findet ein Tester einen »Showstopper«, einen Fehler, der die ganze aufwendige Anwendung zum sofortigen Absturz bringt. Der Tester dokumentiert seinen Fund und informiert die Projektleitung. Die Projektleitung stuft den Fehler kommentarlos herunter und gibt die Freigabe für das Gesamtsystem. Der Tester bekommt das mit, ist entsprechend frustriert (»Wozu mache ich das hier eigentlich …?«) und trägt seinen Ärger in das Testteam, dessen Motivation zum Finden von Fehlern daraufhin einen deutlichen Dämpfer bekommt. Die Fehlerfindungsrate sinkt und im Zuge dessen die Qualität der Software.
>
> Was niemand im Testteam wusste: Mögliche Showstopper der Anwendung waren von der Projektleitung einkalkuliert und wurden als beherrschbares Risiko geführt. Mit einer frühzeitigen Kommunikation nach allen Seiten hätte sich das Missverständnis leicht vermeiden lassen.

Weitere Demotivatoren in Testteams sind ungelöste Konflikte zwischen der Teammitarbeitern, ungeklärte Verantwortlichkeiten, Überforderung oder Unterforderung der Tester, starke Gängelung und autoritäres und/oder arrogantes Auftreten der Team- oder Projektleitung.

Ein Top-Demotivator schlägt allerdings alle anderen, nämlich eine wirkliche erfahrene oder zumindest so empfundene Ungerechtigkeit. Eine Ungerechtigkeit wird beispielsweise dann erlebt, wenn ein Mitarbeiter den Eindruck hat, dass er wesentlich mehr Zeit und Energie als eine Vergleichsperson investiert (Verteilungsungerechtigkeit), dass er keinen Einfluss auf den Einsatz der eigenen Ressourcen im Projekt hat (Verfahrensgerechtigkeit) oder dass er schlicht von Vorgesetzten unfair behandelt wird.

Demotivation durch ungerechte Behandlung

Mehrere Untersuchungen weisen darauf hin, dass das Gefühl ungerechter Behandlung gleichsam automatisch zu negativem Verhalten führt, also zu einem Verhalten, das die Organisation schädigt. Dass mit erlebter Ungerechtigkeit auch die Arbeitszufriedenheit einen Tiefpunkt erreicht, dürfte leicht nachvollziehbar sein.

3.2.5 Was eine klare Rollenverteilung dem Testteam bringt

Teams ohne klare Rollenverteilung verbringen viel Zeit mit nutzlosen Diskussionen und Machtkämpfen. Das führt zu Stress im Team, denn »Rollenkonflikte und Rollenambiguität sind ernstzunehmende Stressoren mit negativen Auswirkungen auf das Wohlbefinden von Mitarbeitern« [Nerdinger, Blickle & Schaper 2008, S. 526], und daraus resultieren deutliche Leistungsminderungen.

In jedem Testteam muss klar sein, wer was macht und warum er es macht. Im besten Fall passen die Skill-Profile der Tester zu den Anforderungsprofilen der Stelle oder der Projektrolle. Für jeden Projektmitarbeiter ist es motivierend, wenn der das Gefühl hat, am richtigen Platz zu sein und von seiner Arbeit weder überfordert noch unterfordert zu werden. Sollten Skills und Aufgaben nicht so passen wie gewünscht – oftmals werden Mitarbeiter einfach deshalb in ein Projekt gesteckt, weil sie gerade verfügbar sind –, ist es für die Teammotivation immer noch der gewonnene Eindruck wichtig, dass Aufgaben gerecht verteilt werden und dass auf die Besonderheiten und Neigung einzelner Teammitglieder eingegangen wird. Wichtig ist außerdem, dass die Tester, die an Schnittstellen zu Kunden oder Management sitzen, darauf vorbereitet und entsprechend informiert werden.

Jedem Teammitglied sollte eindeutig klar sein, was von ihm erwartet wird und dass Verantwortlichkeiten klar verteilt sind. Dazu gehört in einem Testteam, dass geplant ist, wer welches Softwarepaket testet, wer für Lasttests und Scripting zuständig ist und wer Termine und Standards im Auge behält. Die Rollenverteilung führt in neu gegründeten Teams zu unvermeidbaren Reibungsverlusten. Hier ist das Fingerspitzengefühl des Testmanagers oder der Projektleitung gefordert. Die optimale Verteilung ist dann erreicht, wenn jeder Tester nach seinen Möglichkeiten und Bedürfnissen eingesetzt wird und sich niemand benachteiligt fühlt.

Verantwortlichkeiten im Team

Eine Sonderrolle nehmen in diesem Zusammenhang die Scrum-Teams in agil geführten Projekten ein. Hier hat zwar auch jedes Teammitglied seine spezifische Rolle, doch im Vordergrund steht das Funktionieren des Teams. In einem solchen Team kann jeder Beteiligte einen beträchtlichen Anteil seiner Motivation aus der Erfahrung der Selbstwirksamkeit beziehen: In einem Team, das sich selbst organisiert, kann ich als Einzelner wirklich etwas ändern und beeinflussen. Dieses Gefühl kann einen gewaltigen Motivationsschub nach sich ziehen.

Bei reiferen Teams, die schon öfter miteinander gearbeitet haben, sind auch die Hierarchien bereits klar verteilt, sodass das Konfliktpotenzial sinkt und Konflikte mehr und mehr konstruktiv ausgetragen werden.

3.2.6 Alles klar im Umgang mit dem Entwicklerteam

Testen findet nicht im leeren Raum statt, sondern immer in Zusammenarbeit mit anderen. Jedes Testteam, jeder Testmanager oder Tester ist eingebettet in ein Netz von Beziehungen, die jedes Projekt mit sich bringt. Außer dem Management bzw. der Projektleitung ist für das Testteam das Entwicklerteam der wichtigste Bezugspunkt. Tester benötigen tagtäglich Informationen, die nur aus den Reihen der Entwickler kommen können. Umgekehrt sind für die Entwickler Informationen aus dem Testteam wichtig, denn sie geben Feedback über die Qualität der Software.

Im besten Fall ist die Zusammenarbeit zwischen Entwicklern und Testern eine echte Kooperation. Darunter versteht man das Zusammenwirken (lat. cooperatio = Mitwirken, Zusammenarbeiten) von Personen oder Systemen. Kooperation spielt nach neuester Forschungsmeinung auch in der Evolution eine zentrale Rolle. Neben der Mutation und Selektion wird danach auch die Kooperation als eine wesentliche Triebkraft bei der Entstehung des Lebens gesehen. Gemäß dem Biomathematiker Martin Nowak ist das Leben nicht nur als Kampf ums Dasein verstehbar, sondern man muss ebenso die vielfältigen Kooperationen berücksichtigen, die Lebewesen eingehen, um zu überleben. Kommunikation und Kooperation sind in der Natur kein »Luxus«, sondern Überlebensmechanismen.

Kooperation zwischen Entwicklern und Testern

Ohne Kooperation kann kein Projekt funktionieren. Eine Kooperation, z.B. zwischen einem Entwicklerteam und einem Testteam, bildet im besten Falle ein System, das wie ein Team zumindest für die Dauer seiner Zusammenarbeit ein gemeinsames System auf höherer Ebene bildet. Bei einer gelungenen Kooperation stehen sich nicht mehr zwei getrennte Systeme gegenüber, sondern es entsteht ein gemeinsames System, das effizienter funktioniert als seine Teilsysteme allein. Damit sich ein solches System auf höherer Ebene bilden kann, muss neben der rationalen auch die emotionale Ebene zusammenfinden. Paul Watzlawick, ein bedeutender Kommunikationswissenschafter und Psychotherapeut, hat in seinen Arbeiten erkannt, dass Kommunikation zwei Aspekte gleichzeitig enthält:

- den Inhaltsaspekt und
- den Beziehungsaspekt.

In der Literatur wird dafür häufig das Bild des Eisbergs genutzt, was bedeutet, dass »wie bei einem Eisberg 1/7 über der Wasseroberfläche liegt, in der Kommunikation würde das dem inhaltlichen Aspekt entsprechen, 6/7 eines Eisbergs liegen unter der Wasseroberfläche, was dem zwischenmenschlichen Aspekt wie Gefühlen, nonverbaler Sprache usw. entspricht« [Widmann & Seibt 2011, S. 61].

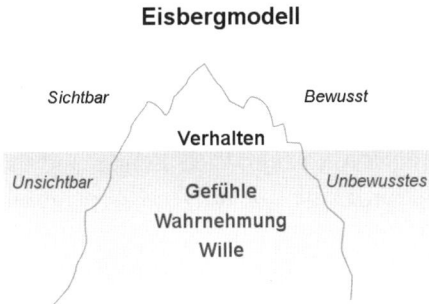

Abb. 3–1
Das Eisbergmodell geht auf Sigmund Freud zurück.

Voraussetzung für das Funktionieren einer Kooperation ist, dass beide Parteien vorurteilsfrei und respektvoll miteinander umgehen, denn »die wechselseitige Achtung und Zuwendung prägen eine positive Kooperation. ›Strokes‹ (Zuwendungen) und eine OK-Grundhaltung dem anderen und sich selbst gegenüber sind für eine funktionierende Kooperation wesentlich« [Widmann & Seibt 2011, S. 74].

Zur gelungenen Kooperation führt keine »Wir haben uns alle lieb«-Einstellung, sondern gegenseitiger Respekt und klare Grenzen.

Aus der Praxis:

Was tun, wenn Sie als Tester mit der Respektlosigkeit eines Entwickler zu kämpfen haben? Sicher gibt es kein Patentrezept, aber es lassen sich ein paar Verhaltensregeln aufstellen, die weiterhelfen und vermeiden, dass die Situation eskaliert.

Was ist eine Respektlosigkeit? Hierzu gehört z.B. jemanden niemals ausreden lassen, jemanden nicht beachten (»wie Luft behandeln«), nicht grüßen.

Was kann man dagegen tun?

Nicht aufregen:
Aufregung bringt gar nichts. Erst einmal Ruhe bewahren und klären, ob vielleicht ein Missverständnis vorliegt.

Dem anderen sagen, was einen stört:
Das ist vielleicht der schwerste Teil der Übung, besonders dann, wenn es sich um respektlose Chefs handelt. Am besten »Ich-Botschaften« versenden: »Ich habe den Eindruck …«. Nicht in die Opferrolle drängen lassen, aus der kommt man nämlich nur sehr schwer wieder heraus.

Distanz halten:
Wenn nichts anderes hilft, auf Distanz gehen und die Distanz wahren. Fragen anderweitig klären und höflich, aber distanziert bleiben.

Es muss klar sein, wer welche Aufgabe erfüllt, wer wofür zuständig ist und wo die Zusammenarbeit aufhört. Diese Grenzen verschieben sich im Verlauf eines Projekts immer wieder und werden nicht immer offen kommuniziert. »Erfolgreich kooperieren heißt also erfolgreich Grenzen zu definieren und diese gut zu kommunizieren. Und hier ist es nicht mit einem einmaligen Akt getan. Viele Fragen und damit Abgrenzungen entstehen erst im Laufe der aktiven Kooperation« [Widmann & Seibt 2011, S. 80].

Voraussetzungen zum Gelingen einer Kooperation

Kooperation kann aber nur funktionieren, wenn zwischen beiden Parteien so etwas wie Ausgewogenheit herrscht, also jeder Kooperationspartner ebenso viel herausbekommt, wie er in die Kooperation einzahlt. Kooperationen funktionieren nach dem Prinzip »Tit for tat«

»Tit for tat«-Prinzip

oder gar nicht. Wenn sich einer der Partner ausgenutzt oder übervorteilt vorkommt, ist es mit der Kooperation der Teams schnell vorbei. Eine Kooperation ist keine Freundschaft, sondern eine zeitlich befristete Zusammenarbeit, bei der jeder nur so viel nehmen kann, wie er vorher gegeben hat.

Leider scheitern in der Praxis viele Kooperationen. Das kann vielfältige Ursachen haben, meist liegt es aber an falschen Vorstellungen, die eine Gruppe von der anderen hat. Gründe für ein Scheitern können aber auch unklare Ziele oder unklare Rollen sein, was in der Praxis dazu führt, dass sich die Kooperationspartner über die Aufgabenverteilung nicht einig werden. Ein weiterer Kooperationskiller können persönliche Differenzen zwischen einzelnen Personen im Projekt sein oder sehr unterschiedliche Arbeitsstile (strukturiert oder unstrukturiert), die nicht zueinander finden. Auch heterogene Werte der beteiligten Personen können Kooperationen beenden, ebenso ein aufkommender Konkurrenzkampf zwischen den Beteiligten. Letzteres ist vor allem bei Kooperation im Industriebereich häufig der Fall.

Die Zusammenarbeit zwischen Entwicklern und Testern scheitert immer wieder an unterschiedlichen Wertvorstellungen.

Scheitern von Kooperationen zwischen Entwicklern und Testern

Manche Entwickler neigen dazu, Softwareentwicklung für den Gipfel der Evolution und Tester grundsätzlich für Looser zu halten, die für die richtige Softwareentwicklung leider minderbegabt geboren wurden. Umgekehrt können Tester die Entwickler für arrogante Autisten halten, mit denen sie so wenig wie möglich zu tun haben wollen. Der Effizienz des Projekts tut das nicht gut. Es ist Aufgabe der Projektleitung, bei solchen Entwicklungen, die ein Projekt komplett lahmlegen können, möglichst schnell gegenzusteuern.

4 Die dunkle Seite: Konflikte, Mobbing, Stress

Man löst keine Probleme, indem man sie auf Eis legt.

Winston Churchill

4.1 Wie es zu Konflikten kommt

> **Aus der Praxis:**
>
> Ein Testteam mit sechs Testern stand vor der Aufgabe, die bestehenden Testfälle für einen bevorstehenden Regressionstest zu automatisieren. Da das Projekt schon weit fortgeschritten war, herrschte hoher Zeitdruck. Tester A begann die Testfälle zu analysieren und einzelne, vielfältig verwendbare Codemodule anzulegen. Tester B begann umgehend mit der Codierung.
>
> Die übriggebliebenen vier Tester waren sich zunächst unschlüssig, wie sie weiter vorgehen sollten. Schließlich folgten zwei Tester dem Tester A, die anderen beiden folgten der Vorgehensweise von Tester B. Beide Lager standen sich nach einiger Zeit entzweit und weitgehend unversöhnlich gegenüber. Jedes Lager war von seiner Vorgehensweise überzeugt und nicht bereit, davon abzuweichen oder einen Kompromiss zu suchen.
>
> Nach einiger Zeit und einigen klärenden Gesprächen wurde schließlich die Konfliktursache deutlich: Sowohl Tester A als auch Tester B wollten den vakanten Posten eines Leiters des Testteams erreichen. Jeder suchte nach einem Weg, die Automatisierung möglichst schnell und effizient zu realisieren und sich dadurch in eine gute Position für die Stellenbesetzung zu bringen. Um dem Konflikt die Spitze zu nehmen und schnell weiter testen zu können, entfernte die Projektleitung sowohl Tester A als auch Tester B aus dem Team und ernannte einen externen Teamleiter.

Interessanterweise gibt es keine allgemein anerkannte Definition von »Konflikt«.

Je nachdem, aus welchem Fachgebiet ein Autor kommt, wird er eine soziologische, ökonomische oder psychologische Begriffsdefinition von »Konflikt« bevorzugen.

»Konflikt« ist nicht allgemein gültig definiert.

Differenzen, Meinungsverschiedenheiten und Spannung sind normale Erscheinungen des Daseins und treten in jeder Arbeitssituation immer wieder auf und sind, ebenso wie Konflikte, keineswegs durchweg negativ zu beurteilen. Differenzen und Konflikte können zu Zerstörungen führen, andererseits sind sie aber auch ein wichtiger Motor für Innovationen und Veränderungen. In Firmen, Organisationen, aber auch persönlichen Beziehungen, wo niemals Differenzen, Spannungen oder Konflikte auftreten, droht die Gefahr der Verkrustung und der schleichenden Vergreisung.

Vergreisung bei zu viel Harmonie

Eine Meinungsverschiedenheit ist noch nicht automatisch ein Konflikt. Die Beteiligten entscheiden durch ihren Umgang mit der Meinungsverschiedenheit, ob daraus ein Konflikt entstehen wird oder nicht. Der Konfliktforscher Friedrich Glasl sieht als erste von neun Stufen in einem (möglicherweise eskalierenden) Konflikt das Moment der »Verhärtung«. Eines der Kennzeichen der Verhärtung ist, dass sich die Konfliktbeteiligten nicht mehr wirklich öffnen und die Kommunikation leidet. Diese erste Stufe des Konflikts geht über die bloße Meinungsverschiedenheit hinaus. Die Beteiligten haben es jetzt in der Hand, ob sie eine Meinungsverschiedenheit bereits in einen Konflikt eskalieren lassen oder ob sie eine andere Lösung finden. Konflikte lassen sich deshalb mit dem Feuer vergleichen: einerseits gefährlich, andererseits aber von hohem Nutzen.

Vom Nutzen der Konflikte

Nach Bruno Rüttinger und Jürgen Sauer vom Institut für Psychologie der TU Darmstadt lassen sich fünf typische Ursachen der Konfliktentstehung beobachten und beschreiben [Rüttinger & Sauer 2000]:

- **Bewertungskonflikte**
Sie beruhen darauf, dass zwei Konfliktparteien die Wichtigkeit eines Ziels unterschiedlich bewerten. Es geht zum Beispiel beim Testen um die Frage, ob die Qualität wichtiger ist als der Projektfortschritt (Qualität versus Geschwindigkeit). In Bewertungskonflikten spiegelt sich ein unterschiedliches Verständnis davon wider, welcher Wert der wichtigere ist.

- **Beurteilungskonflikte**
Beurteilungskonflikte entstehen, wenn sich zwei Parteien zwar über ein Ziel einig sind, aber nicht darüber, wie dieses Ziel erreicht werden soll. Ein typischer Beurteilungskonflikt liegt vor, wenn z. B. die Projektleitung die Zahl der durchzuführenden Testfälle reduzieren will, um die Budgetziele nicht zu gefährden.

- **Verteilungskonflikte**
Verteilungskonflikte liegen dann vor, wenn sich zwei Parteien nicht einig werden können, wie die (begrenzten) Ressourcen verteilt wer-

den sollten. Verteilungskonflikte kommen häufig in Matrixorganisationen vor. Ein Abteilungsleiter will z. B. nicht auf einen Mitarbeiter verzichten, den das Projekt dringend für sich beansprucht.

- **Beziehungskonflikte**
Beziehungskonflikte treten dann auf, wenn eine Person sich von einer anderen zu wenig respektiert oder herabgesetzt sieht. Dies kann z. B. der Fall sein, wenn sich ein Tester von einem Angehörigen des Entwicklungsteams nicht ernst genommen fühlt.

Zwei weitere typische Konfliktursachen lassen sich aufzeigen, die hauptsächlich auf organisatorischen Ursachen beruhen (nach [Nerdinger, Blickle & Schaper 2008, S. 116]):

- **Unklare Rollen und Verantwortlichkeiten**
Der Konfliktfall tritt dann auf, wenn die Projektleitungen die Zuständigkeiten und Entscheidungswege nicht eindeutig geklärt haben. Koordinationsprobleme und gegenseitige Fehlerzuweisung sind die Folge.

- **Diversity**
»Diversity« bedeutet »Vielfalt« und spielt eine große Rolle bei der Zusammensetzung von Teams. Besteht zum Beispiel das eine Team vorwiegend aus älteren Mitgliedern und das andere aus sehr jungen, kommt es leicht zu gegenseitigem Misstrauen und Feindseligkeiten. Das kann auch bei unterschiedlichen Nationalitäten oder Kompetenzstufen der Fall sein.

Zunehmende Rationalisierung und Globalisierung erhöhen den Druck auf die Arbeitnehmer, die damit einhergehenden Ängste erhöhen das Konfliktpotenzial in den Unternehmen. Umso wichtiger ist es daher für Projektleiter und Testmanager, organisatorische Konflikte zu vermeiden und Konflikte möglichst früh zu erkennen, um frühzeitig gegensteuern zu können und eine ungebremste Konflikteskalation zu vermeiden.

4.1.1 Wie man Konflikte erkennt

Für Führungskräfte wie Testmanager oder Projektmanager kann es schwierig sein, Konflikte bereits in einem frühen Stadium zu erkennen. Ein relativ guter Indikator für schwelende, nicht aufgelöste Konflikte sind die bereits angesprochenen Fehlzeiten.

Die folgende Checkliste kann Führungskräften dabei helfen, verborgene Konflikte zu erkennen:

Checkliste für verborgene Konflikte

- Hat sich das Kommunikationsverhalten unter den Testern verändert/verschlechtert? Woran mache ich das fest?
- Bemerke ich an mir selbst, dass mir in der Gruppe nicht mehr so wohl ist wie früher?
- Sind sonstige Anzeichen für eine sinkende Motivation festzustellen?
- Verringert sich die Arbeitsgeschwindigkeit, werden deutlich weniger Testfälle beschrieben oder abgearbeitet als in den Vormonaten?
- Sind unkollegiale Verhaltensweisen oder Feindseligkeiten, z. B. zwischen Testern und Entwicklern, zu beobachten?
- Hat sich das Verhalten eines Testers merklich verändert?
- Spätindikator, wenn es eigentlich schon zu spät ist: Sind die Fehlzeiten höher als sonst zu dieser Jahreszeit üblich (es gibt typische »Grippezeiten«!)?

Wenn mehrere dieser Punkte zutreffen, ist die Wahrscheinlichkeit groß, dass irgendwo im Team ein Konflikt schwelt. Falls es gelingt, den Konflikt zu fassen, gilt es ihn zu analysieren. Die entscheidenden Fragen sind, wohin der Konflikt eskalieren könnte, welche Folgen sich daraus vermutlich ergeben und welche Alternativen (noch) vorhanden sind.

4.1.2 Das Testteam als Zulieferer der Entwicklung

Testteams unterscheiden sich – wie bereits mehrfach erwähnt – nicht wesentlich von Entwicklungsteams und haben häufig mit denselben Problemen zu kämpfen. Im Falle der Konflikte verhält es sich jedoch etwas anders.

Strukturelle Besonderheiten von Testteams

Testteams nehmen in Projekten eine strukturelle Sonderstellung ein, denn:

- Testteams sind »Zulieferer«. Sie liefern Qualitätskontrolle in Form von Reportings an die Entwicklungsmannschaft bzw. an die Projektleitung. Damit nehmen sie – einmal mehr und einmal weniger – eine gewisse Außenseiterposition im Projekt ein. Testmannschaften sind Kontrolleure ohne Macht. Wie in jedem anderen Lebensbereich sind auch hier Kontrolleure nicht immer beliebt.
- Aussagen zur Qualität des Codes können von Entwicklungsteams als provokativ und überkritisch empfunden werden. Viel hängt hier vom Fingerspitzengefühl des Testers oder Testmanagers ab, der das Ergebnis von Tests den Entwicklern bzw. der Projektleitung präsentiert. Zu Konflikten führt immer wieder die Bewertung von Fehlern: Während ein Tester diese als »kritisch« oder sogar als »auslieferungsverhindernd« einstuft, bewertet manch ein Entwick-

ler diese womöglich als belanglos, besonders wenn es sich um seinen eigenen Code handelt.

Die beiden Beispiele zeigen, an welchen Stellen Testteams typischerweise mit den Entwicklern bzw. einem Entwicklungsteam in Konflikt geraten können. In gewissem Umfang muss ein Testteam die Qualität überwachen und auch auf Qualitätsmängel hinweisen. Allerdings lässt sich kein Projektleiter oder Leiter der Softwareentwicklung gerne sagen, dass sein Team minderwertigen Code produziert. Es liegt nun an der Kommunikationsfähigkeit des Testmanagements und der Projektleitung, in einem solchen Fall keine Konflikteskalation in Gang zu setzen. Liegt lediglich ein Mangel vor, wird noch weitere Klärung benötigt. Handelt es sich um einen Bug, muss dieser auch so bewertet werden.

Ein strukturell bedingter Konflikt wie der zwischen Test und Entwicklung lässt sich nie gänzlich aus dem Weg räumen. Umso mehr müssen die Beteiligten einen Weg finden, damit umzugehen.

Schwelende Konflikte in einem Projekt erzeugen bei allen Beteiligten erheblichen Druck, der sich schnell auch gesundheitlich auswirkt. Stark erhöhte Fehlzeiten können ein Indikator für verborgene Konflikte im Team sein. Einer von mehreren Gründen kann in einem schwelenden Konflikt zwischen dem Entwicklungsteam und dem Testteam liegen.

Schwelende Konflikte im Projekt

4.1.3 Wie Führungskräfte Konflikte verschärfen

Konflikte im Team können durch das Verhalten der Führungskräfte bedingt sein bzw. zusätzlich verschärft werden. Beispielsweise können Änderungen in den Arbeitsabläufen oder auch personelle Auswechslungen ein Team verunsichern und ein Grund dafür sein, dass die Führungskraft als »schwierig« bzw. unsensibel erlebt wird (»Der hat doch sowieso keine Ahnung, was wir hier machen ...«). Besonders aber sozial unangemessenes Verhalten von Führungskräften können einzelne Teammitglieder und in der Folge ein ganzes Team in die Opposition zur Führung treiben. Hierzu gehören:

- Treffen »einsamer« Entscheidungen, ohne die Mitarbeiter einzubeziehen
- Durchsetzen der eigenen Meinung um jeden Preis
- Bevorzugung einzelner Mitarbeiter
- Unbegründete Entscheidungen
- Unklare Zuordnung von Zuständigkeiten und Rollen
- Zurückhalten von Informationen über künftige und zu erwartende Entwicklungen

- Keine Teilnahme der Führungskräfte an sozialen Ereignissen ihrer Mitarbeiter (Hochzeiten, Geburtstage, Firmenjubiläen)
- Ignorieren von Konflikten zwischen den Mitarbeitern
- Ignorieren von Konflikten, die Mitarbeiter mit anderen Stakeholdern im Projekt haben (Projektleitung, Entwicklungsleitung)
- Ignorieren von Problemen der Mitarbeiter

Führungskräfte können durch ihr Verhalten das Auftreten von Konflikten verursachen und befeuern.

Mangelnder Respekt als Konfliktursache
Fast immer haben diese Konflikte ihre Ursache in mangelndem Respekt gegenüber den Mitarbeitern oder in einer gestörten Kommunikation. Im gegenseitigen Respekt sowie in der Verbesserung der Kommunikation liegen die wesentlichen Möglichkeiten von Führungskräften zur Entschärfung von Konflikten.

Die Fähigkeit, mit Konflikten umzugehen und Konflikte rechtzeitig zu entschärfen, zeichnet nicht nur einzelne Führungskräfte, sondern ganze Unternehmen aus. Konfliktbeherrschung kann für ein Unternehmen auf Dauer einen wirklichen Marktvorteil bringen.

4.1.4 Was tun bei Störungen im Testteam?

Meinungsverschiedenheiten, kleine Unstimmigkeiten und unabsichtliche Kränkungen oder Verletzungen sollten sich eigentlich aus dem Weg räumen lassen, bevor ein wirklicher Konflikt entsteht und dieser eskalieren kann.

> **Aus der Praxis:**
> **Vorgehen bei Störungen im Testteam**
>
> Sie sind als Testmanager tätig und begrüßen am Morgen freundlich wie immer Ihr Team. Dabei fällt Ihnen auf, dass einer der Tester Ihren Gruß nicht erwidert und Ihrem Blickkontakt ausweicht. Sie sprechen den Kollegen unter vier Augen an, aber er weicht Ihnen aus. Sie wissen, dass Konflikte – ausgesprochene wie unausgesprochene – das Betriebsklima und die Freude an der Arbeit in kürzester Zeit ruinieren können. Sie wissen auch, dass Konflikte immer Vorrang haben, und suchen deshalb schnell das klärende Gespräch.
>
> Nach dem bei Konflikten gültigen Motto »Störungen gehen vor« suchen Sie mit dem Kollegen das Gespräch unter vier Augen.
>
> Sie sprechen die Situation klar an und kommen sofort auf den Punkt: »Ich habe Sie heute Morgen gegrüßt und keine Antwort von Ihnen erhalten. Ein solches Verhalten wirkt sich negativ auf das Klima im ganzen Projekt aus. Können Sie mir erklären, was hier vorgeht?«
>
> Sie wissen, dass ein langsames Herantasten und langwierige Einführungen in einem solchen Fall nichts bringen.

> Vorwürfe bringen ebenfalls nichts und belasten die ohnehin schon angespannte Situation emotional noch mehr. Sie versuchen deshalb herauszubekommen, was das Verhalten des Mitarbeiters ausgelöst hat.
> Sie haben keine fertigen »Patentlösungen« im Hinterkopf. Eine aufkommende Konfliktsituation lässt sich nur offen und kreativ lösen. Die Lösung oder die Lösungen sollten aus dem Gespräch erwachsen und für beide Teile annehmbar sein. Bei größeren Teamkonflikten sind mehrere Gespräche nötig.
> Sie formulieren zusammen mit dem Tester realistische Ziele, die schnell erreichbar sind und dazu dienen, die Meinungsverschiedenheit dauerhaft zu beseitigen.

4.1.5 Wie Konflikte eskalieren können

Konflikte haben die unangenehme Eigenschaft, dass sie manchmal anfangs kaum bemerkt werden, schließlich aber völlig aus dem Ruder laufen und ein Projekt in den Abgrund reißen können. Nach dem Konfliktforscher Friedrich Glasl lässt sich ein Konflikt in neun Stufen mit zunehmender Steigerung unterteilen, von der Stufe 1 »Verhärtung« bis zur Stufe 9, »Gemeinsam in den Abgrund«. Auf jeder Stufe wird der Konflikt irrationaler, setzt mehr emotionale Energie frei und wird umso schwerer zu kontrollieren. Ein Eingreifen in die Spirale sich aufschaukelnder Emotionen ist nach Glasl jedoch immer möglich und wir »können grundsätzlich an jeder Schwelle zur Besinnung kommen und unserem Tun ein Ende setzen« [Glasl 2008, S. 119].

Was die Schwellen (Eskalationsstufen) sind und wo sie liegen, ist nach Glasl »intuitiv« bekannt: »Es gibt bei den meisten Menschen ein intuitives Erfahrungswissen um diese Schwellen. Sie sind sich darüber im Klaren: Wenn sie sich nicht beherrschen, werden sie viel Porzellan zerschlagen, und das gegenseitige Vertrauen wird vielleicht nie wieder hergestellt werden können. Dank dieser intuitiven Kenntnis der Eskalationsschwellen halten die Betroffenen – wenigstens einige Zeit – an sich und gehen nicht sofort aufs Ganze. Deshalb schlägt ein Konflikt nicht sogleich in völlige Destruktion um, sondern intensiviert sich sukzessive, sofern nichts dagegen unternommen wird. Diese Schwellen haben eine warnende, das Bewusstsein aufrüttelnde, dem Selbstschutz dienende Signalfunktion« [Glasl 2008, S. 85].

Eskalationsstufen von Konflikten

Eskalationstreiber in Konflikten

Nach Glasl gibt es »antreibende Mechanismen«, die einen Konflikt immer weiter füttern, sodass aus einer einfachen Differenz eine echte

Katastrophe werden kann. Zu diesen Mechanismen gehören (nach [Glasl 2008, S. 87 f.]):

- **Wachsende Streitlawine:**
  Immer neue Streitpunkte werden von Partei A in die Auseinandersetzung aufgenommen.
- **Zunehmende Simplifizierung:**
  Partei B versucht durch Simplifizierung die Übersicht zu behalten, was zu undifferenzierten Antworten führt.
- **Ausweitung der Arena:**
  Immer mehr Personen werden in den Streit mit einbezogen.
- **Zunehmende Personifizierung:**
  Die Angriffe verschieben sich von der Tat auf den Täter.
- **Pessimistische Antizipation:**
  Das gegenseitige Misstrauen wächst, jeder unterstellt dem anderen schlechte Absichten und munitioniert sich entsprechend auf.
- **Selbsterfüllende Vorhersage:**
  Die eingeschlagene härtere Gangart führt zu einem anderen Gang der Dinge, als man ehemals kalkuliert hatte: »Jeder Drohung wohnt nämlich die Tendenz inne, den Zustand herbeizuführen, der eigentlich mit der Drohung hätte abgewendet werden sollen.«

Um die Eskalationsspirale nicht immer weiter zu füttern, ist es nach Glasl entscheidend, sich bei jeder eigenen Aktivität zu fragen, wie dieses Handeln wohl von der Gegenseite aufgenommen werden wird. Wie bei jeder Konfrontation kann der Konflikt nur entschärft werden, indem man zwar Stärke und Entschlossenheit zeigt, aber sich trotzdem Kooperationssignalen des Gegners nicht verschließt.

Wie man Konflikte beenden kann

Entscheidend ist, die Möglichkeit einer Annäherung oder eines Kompromisses von vorneherein nicht ganz auszuschließen. Irgendwann wird man sich dann entgegenkommen können, ohne das Gesicht und die eigene Würde zu verlieren.

4.1.6 Mobbing

Mobbing geht in eine ähnliche Richtung wie die fortschreitende Konfliktspirale. Es gibt Mobbingforscher, die Mobbing für nichts anderes als einen eskalierten Konflikt halten. Mobbing geht in seiner destruktiven Kraft allerdings noch weit über den Konflikt hinaus: Während Konflikte noch positives Potenzial haben können, manchmal verjüngend wirken, manches emotional Verwesende benennen und auf den Tisch bringen, sind die Auswirkungen von Mobbing durchgehend negativ. Bei Mobbing verlieren alle Beteiligten.

Mobbing kommt in Projekten genauso vor wie in Schulen und allen anderen Organisationen und Unternehmensbereichen – und natürlich auch in Testteams. Es gibt das Mobben der Tester untereinander, das Mobben des Testmanagers gegen einen oder mehrere Tester und schließlich auch das Mobben der Testmannschaft gegen den Testmanager.

Über das Thema Mobbing wird aus verständlichen Gründen nur ungern geredet. Kein Unternehmen wird gerne zugeben, dass in seinen Reihen Mobbing vorkommt. Mobbingopfer sehen oftmals ihr eigenes Versagen als Grund für das Mobbing und vermeiden das Gespräch darüber (wobei diese Tendenz bei Männern offenbar sogar noch stärker entwickelt ist als bei Frauen). Mehr Transparenz wäre hier sicherlich wünschenswert, ist aber wohl illusorisch.

Reden über Mobbing findet nicht statt.

4.1.7 Was ist Mobbing?

Das Wort »Mobbing« leitet sich ab vom Englischen »to mob«, was so viel bedeutet wie »jemanden anpöbeln« (im englischen Sprachraum spricht man übrigens nicht von »Mobbing«, sondern von »Bullying«). Anders als bei den Konflikten, die überall von der einfachen Beziehung bis zur Weltpolitik auftreten können, bezieht sich Mobbing ursprünglich hauptsächlich auf die Welt am Arbeitsplatz, kann aber auch in Schulen, Gefängnissen oder Altersheimen vorkommen. So heißt es in einer kurzen und einleuchtenden Definition von Mobbing denn auch: »Mobbing beschreibt negative Handlungen von Arbeitskollegen, die gegen eine Person gerichtet sind, wobei sich meist spezifische Mobbingbeziehungen ausmachen lassen. Frauen, Untergebene und Behinderte sind die häufigsten Opfer« [Asendorpf & Bans 2000, S. 135].

Am Beginn der Diskussion über Mobbing stand der deutsche Betriebswirt und Psychologe Heinz Leymann. Sein Buch »Mobbing: Psychoterror am Arbeitsplatz und wie man sich dagegen wehren kann« von 1993 machte den Begriff »Mobbing« sozusagen gesellschaftsfähig. Von Leymann stammt auch ein bekannter Katalog von 45 Mobbinghandlungen.

Beim Mobbing gehen eine oder mehrere Personen gegen eine(n) Arbeitskollegen/Arbeitskollegin vor, oft mit dem Ziel, ihn oder sie aus der Abteilung oder der Firma zu ekeln. Mobbing bedeutet, dass jemand fortwährend und über einen längeren Zeitraum geärgert, schikaniert und ausgegrenzt wird. Schikane heißt in diesem Zusammenhang z.B., jemanden sinnlose Aufgaben erledigen lassen, die Person lächerlich zu machen, sich über ihr Privatleben zu mokieren, Informationen nicht weiterzugeben, die Person nicht mehr zu Meetings und

Katalog der 45 Mobbinghandlungen

Besprechungen einzuladen und schließlich die Androhung und Ausübung körperlicher Gewalt. Die unterschiedlichen Mobbinghandlungen, die vom bloßen Witz bis zum körperlichen Übergriff reichen können, zeigt u. a. die nächste Abbildung. Mobbing bedeutet nicht zuletzt das Ende jeder vernünftigen Kommunikation.

Abb. 4-1
Mobbinghandlungen können in ganz unterschiedlicher Form auftreten.

Zu Mobbern können sowohl einzelne Kollegen oder eine Gruppe von Kollegen werden wie auch der Vorgesetzte oder in Einzelfällen sogar Untergebene. Mobber wie auch Mobbingopfer können Männer wie Frauen sein, junge Kollegen wie auch ältere, eine eindeutige Präferenz konnte die Forschung bisher nicht ausmachen.

4.1.8 Gibt es die »Mobbingpersönlichkeit«?

Die Ergebnisse der Mobbingforschung zeigen, dass Mobbing in bestimmten Situationen gehäuft auftritt. Mobbingverhalten wird gefördert durch:

- tiefgehende organisatorische Änderungen
- technologische Änderungen
- starkes Konkurrenzverhalten
- schlechte Arbeitsbedingungen
- unklare Zuständigkeiten und Rollen
- wirtschaftliche Probleme des Unternehmens
- Vorgesetzte, die Mitarbeiter ohne Abfindungszahlung loswerden, ihre Macht zeigen oder schlicht ihren Frust loswerden wollen (»Bossing«)

Zur Persönlichkeit der Mobber gibt es unterschiedliche Ergebnisse. Es ist nicht eindeutig belegt, ob besonders schwache oder eher selbstbewusste und robuste Persönlichkeiten zu Mobbern werden. Alle Studien und Autoren kommen jedoch einhellig zu dem Schluss, dass es keine eindeutige Mobbingpersönlichkeit gibt.

Auch gibt es – im Gegensatz zu dem, was in manchen Zeitschriftenartikeln oder Lebenshilfe-Büchern behauptet wird – keine besondere Disposition, die jemanden zum »geborenen« Mobbingopfer macht.

Es gibt keine »Mobbingpersönlichkeit«.

Folgen von Mobbing

Wie man sich vorstellen kann, hat Mobbing weitreichende Auswirkungen auf die Betroffenen. Neben Nervosität, sinkendem Selbstbewusstsein und Selbstzweifeln führt Mobbing zu Konzentrationsschwächen, innerer Kündigung, sozialer Isolation, Unausgeglichenheit, Antriebslosigkeit, Aggressivität bis hin zu schweren Depressionen und sogar zum Selbstmord. Etwa die Hälfte der Mobbingopfer erkrankt ernsthaft. Es dürfte aus dem Gesagten klar geworden sein, dass Mobbingopfer in ihrer Leistungsfähigkeit für das Unternehmen stark nachlassen und so jedem Unternehmen durch Mobbing erhebliche Kosten entstehen. Umso mehr muss jedem Unternehmen daran gelegen sein, Mobbing möglichst zu verhindern oder einzudämmen.

Abgesehen von den Kosten für das Unternehmen sind die Folgen für das Mobbingopfer gravierend. Es geht um viel mehr als ein »Sich-nicht-Wohlfühlen«. Viele Mobbingopfer erleiden erhebliche gesundheitliche und psychische Schäden, ganz abgesehen von Partnerschaftsproblemen und Frühverrentungen. Auch für die Solidargemeinschaft ist Mobbing daher ausgesprochen teuer.

Mobbingfolgen

4.1.9 Mobbing in Recht und Gesetz

Mobbing ist kein Rechtsbegriff und stellt daher auch keine Grundlage für Schadenersatzforderungen u. Ä. dar. Wenn jedoch eindeutig und über längere Zeiträume Rechtsgüter des Betroffenen wie das allgemeine Persönlichkeitsrecht oder die Gesundheit verletzt werden, dann wird Mobbing auch rechtlich relevant. Schadenersatzforderungen aufgrund von Verletzungen des allgemeinen Persönlichkeitsrechts setzen allerdings voraus, dass eine schwerwiegende Verletzung des Persönlichkeitsrechts vorliegt und auch nachweisbar ist. Wann eine solche Verletzung als schwerwiegend gewertet wird, hängt von der Bedeutung und Tragweite des Eingriffs ab, vom Anlass und Beweggrund sowie von der Schwere des Verschuldens.

Mobbing als Verletzung des Persönlichkeitsrechts

Für Gerichte ist es in der Regel nicht einfach, schwerwiegende Verletzungen des Persönlichkeitsrechts von Arbeitsplatzkonflikten allgemeiner Art abzugrenzen. Eine einmalige Verletzung sowie das subjektive Empfinden des Betroffenen rechtfertigen noch keine Verletzung des allgemeinen Persönlichkeitsrechts. Dass es in der Arbeitswelt zu punktuellen und sporadischen Konflikten kommt ist rechtlich nicht unbedingt relevant. Umso wichtiger ist für ein Mobbingopfer der Nachweis, dass Übergriffe immer wieder und über längere Zeiträume stattgefunden haben.

Nachweis von Mobbing

Hier kann eine genaue Buchführung über die Aktivitäten des oder der Mobber sowie die Benennung von Zeugen den Eingriff in das allgemeine Persönlichkeitsrecht am besten beweisen.

4.1.10 Wie man sich gegen Mobbing wehren kann

Über Mobbing und wie man sich am besten dagegen wehrt, sind inzwischen ganze Bibliotheken geschrieben worden. Das Thema kann hier in seiner ganzen Breite nicht diskutiert werden. Wer sich als Mobbingopfer fühlt, sei deshalb auf die entsprechende Fachliteratur verwiesen. In einem Punkt sind sich allerdings alle Ratgeber zum Mobbing einig: Die Devise heißt: »Raus aus der Opferrolle.«

Raus aus der Opferrolle

Wer gemobbt wird und sich daraufhin resigniert zurückzieht, zieht nur weitere Mobbinghandlungen auf sich. Es gilt möglichst früh dem Mobber entgegenzutreten, das Gespräch unter vier Augen zu suchen und dem Mobber klarzumachen, dass man sein Anliegen durchschaut und gewillt ist, sich mit allen verfügbaren Mitteln zu wehren. Ein solches Verhalten signalisiert nicht nur dem Mobber, dass er Grenzen einzuhalten hat, sondern hat für das Mobbingopfer den Effekt, dass es sich nicht mehr nur als wehrloses Opfer sieht und wahrnimmt, sondern sich ihm durchaus Handlungsspielräume eröffnen.

4.2 Strategien der Konfliktbewältigung

4.2.1 Zwischen Streitlust und Konfliktscheu

Interessanterweise kann Konfliktscheu ganz besonders zur Eskalation von Konflikten beitragen. Konfliktscheue Menschen eskalieren einen Konflikt nicht offen, öffnen aber sozusagen das Messer in der Tasche. Sie machen vieles mit, bis eines Tages der berühmte Punkt kommt, »an dem es reicht« und »andere Seiten aufgezogen werden müssen«. In dieser Gemütslage schießen Mitarbeiter oder auch Führungskräfte dann aber gern über das Ziel hinaus und leiten Maßnahmen ein, die nur noch bedingt vernunftgesteuert sind.

Dieses Verhalten kann sich ebenso in einem heißen wie auch in einem kalten Konflikt entladen, wo Unansprechbarkeit, Ignoranz oder das »Zeigen der kalten Schulter« dann das Geschehen beherrschen. Die Situation ist nicht weniger emotional als bei einem »heißen Konflikt« (wo durchaus schon mal einer losbrüllt), aber in der Regel noch schwerer zu lösen. Die Emotionen werden nicht abgeleitet und Kommunikation findet sozusagen nicht mehr statt, sodass sich auch gar keine Gelegenheit zum »Zusammenraufen« mehr ergibt. Das Pendant zur Arbeitswelt ist vielen Menschen aus dem Beziehungsalltag bekannt: Der beleidigt schweigende Partner ist oft schlimmer als der, der einmal die Beherrschung verliert.

Heiße und kalte Konflikte

Konfliktscheu kann besonders bei Führungskräften ein immens destruktives Potenzial entfalten. Das gilt insbesondere im Umgang mit den eigenen (untergebenen) Mitarbeitern. Führungskräfte sollen klare Linien vorgeben und durchaus auch einmal Konsequenzen ziehen, wenn diese Linien deutlich verletzt wurden. Das ist zweifellos nicht angenehm und durchaus mit der Gefahr verbunden, dass man sich unbeliebt macht. Andererseits wird eine Führungskraft, die niemals Leistung einfordert oder Konsequenzen zieht, neben viel Chaos wenig zählbare Erfolge produzieren. Weder die Geschäftsleitung noch die eigenen Untergebenen werden eine solche Führungskraft akzeptieren und respektieren. Wer Führungskraft sein will, gehört eben nicht mehr zur Gruppe der Mitarbeiter und sollte dies akzeptieren. Die besten Führungskräfte sind nicht immer die nettesten.

Konfliktscheu bei Führungskräften

4.2.2 Konflikte konstruktiv angehen

Was Konfliktlösung eigentlich ist und worauf es bei einer guten Konfliktlösung ankommt, zeigt kurz und knapp das folgende Zitat aus dem Blog »Umsetzungsberatung« von Winfried Berner:

> *»Wollen wir uns abreagieren und den anderen bestrafen, demütigen oder sonst wie schlecht aussehen lassen, oder wollen wir trotz der bestehenden Verstimmungen (bzw. gerade ihretwegen) aktiv zu einer positiven Entwicklung beitragen? Beides zusammen geht nicht.«*

Die Versuchung ist natürlich groß, den eigenen Frust und Ärger auszuleben und sich so eine gewisse emotionale Entlastung zu verschaffen. Die Gefahr dabei ist allerdings, dass man in die negative Spirale der Konflikteskalation gerät und – wie beschrieben – erst auf der Stufe

»Gemeinsam in den Abgrund« alle Emotionen restlos ausgelebt hat. Dann gibt es allerdings auch nichts mehr zu retten.

Was zweifellos in verfahrenen Situationen hilft und zur Unterbrechung der negativen Gefühlspirale führen kann, ist die radikale Trennung zwischen Täter und Tat. Dies bedeutet, dass man den Konfliktgegner weiter als Menschen akzeptiert, auch wenn man mit seinen Ansichten nicht übereinstimmt und sein Verhalten für inakzeptabel hält. Dieses auch »Harvard-Methode« genannte Denken und Vorgehen hat seine konstruktive Fähigkeit in zahlreichen Konfliktsituationen bewiesen. Das Harvard-Konzept der Konfliktmediation setzt allerdings voraus, dass der Konflikt noch nicht völlig eskaliert ist und zwischen den Partnern ein Rest an Gesprächsbereitschaft besteht. Am Ende soll kein billiger Kompromiss stehen, sondern die für beide Parteien bestmögliche Übereinkunft.

Harvard-Methode

Um auch im Konflikt konstruktiv und gleichwertig mit anderen Menschen umzugehen, hat sich in der Individualpsychologie ein Prinzip bewährt, das lautet: »Tat und Täter trennen«. Das heißt, man kann ein bestimmtes Verhalten aufs Schärfste missbilligen und trotzdem den Täter als gleichwertigen Mitmenschen achten. Die Missbilligung der Tat kann und soll in aller Deutlichkeit angesprochen werden, ohne damit aber den Täter anzugreifen oder zu entwerten. Aussagen wie »Ich finde das überhaupt nicht in Ordnung!« oder »Das ist für mich völlig inakzeptabel« kann man durchaus treffen, ohne den Konfliktpartner als Person niederzumachen oder zu entwerten. Dazu noch einmal Winfried Berner:

> *»Dennoch kann es sein, dass sich der andere durch solch eine deutliche Aussage angegriffen oder in die Ecke gedrängt fühlt und darauf, wie nach dem Lehrbuch, überschießend reagiert. In diesem Fall ist wichtig, nicht in eine Eskalation einzusteigen, trotzdem aber auf seinen Punkt zu bestehen, etwa: ›Trotzdem möchte ich, dass Sie das zur Kenntnis nehmen, dass ich es nicht in Ordnung finde.‹«*

Eines sollte man an dieser Stelle jedoch klar sein: Es gibt keine Patentlösung, die in allen Fällen funktioniert. Keine »Methode« kann eine immerfort heile Welt erzeugen. Es wird immer Fälle geben, in denen sich die Gegenseite komplett verweigert und man auch mit noch so viel konstruktivem Herangehen zu keinem Erfolg kommt. Konstruktives Konfliktverhalten heißt: Suchen nach einer rationalen Lösung und Hinhören, wenn der Konfliktgegner (oder Konfliktpartner?) ein verklausuliertes Kompromissangebot macht. Das ist nicht immer möglich, erhöht aber die Anzahl der Fälle, bei denen der Konflikt doch noch in einer positiven Lösung mündet.

Gerade auf diese positiven Konfliktlösungen aber kommt es an, sie machen den Unterschied zwischen einer durchschnittlichen und einer guten Führungskraft.

Positive Konfliktlösungen

4.2.3 Konstruktives Konfliktmanagement nach dem Harvard-Konzept

»Der Schlüssel zu einem konstruktiven Konfliktmanagement ist, bei Konflikten nicht die andere Person als das Problem zu betrachten, sondern ihr Handeln bzw. die unterschiedlichen Auffassungen. Das klingt nach einer Spitzfindigkeit, ist aber in Wirklichkeit ein fundamentaler Unterschied. Denn wenn die Sache das Problem ist und nicht die Person, dann macht es überhaupt keinen Sinn, gegen die Person zu kämpfen – dann riskiert man damit nur eine unnötige und kontraproduktive Personalisierung des Konflikts« [Berner].

Hier ist das A und O eines konstruktiven Konfliktmanagements kurz und prägnant benannt: Es kommt auf den Sachverhalt an, nicht auf die Person. Wer gegen Personen agiert, wird auf Dauer kaum gewinnen können, Sachverhalte hingegen lassen sich manchmal ändern oder ganz aus dem Weg räumen. Hier liegt der Schlüssel des sogenannten »Harvard-Konzepts«, das heute als eines der erfolgreichsten Instrumente zur Konfliktlösung gilt.

Die Methode wurde wesentlich von den Professoren Roger Fisher und William L. Ury vor 30 Jahren in Harvard entwickelt, daher der Name. Das Harvard-Konzept versucht für beide Konfliktparteien eine Win-win-Situation herzustellen, in der keiner der Konfliktgegner als strahlender Gewinner dasteht, andererseits aber auch keiner einfach nur auf- oder nachgibt. Außerdem sollte keine der beiden Parteien das Gefühl haben, einen faulen Kompromiss eingegangen zu sein.

Der Schlüssel des Harvard-Konzepts liegt darin, dass der Gegenüber weniger als »Gegner«, sondern eher als Verhandlungspartner verstanden und auch so behandelt wird. Es geht nicht ums Gewinnen oder Verlieren, sondern darum, einen gerechten Interessenausgleich herzustellen.

> **Die vier entscheidenden Punkte des Harvard-Konzepts:**
> 1. **Trennung von Sach- und Personenebene:**
>   Hart in der Sache und sanft im Umgang. Das Ziel ist ein wertschätzender Umgang mit Konzentration auf das Ergebnis.
> 2. **Konzentration auf Interessen, nicht auf Positionen:**
>   Die Verhandlungen sind keine Kräftemessen, es kommt vielmehr darauf an, die wirklichen Interessen, Bedürfnisse und Ängste herauszuarbeiten und für beide Parteien sichtbar zu machen.
> 3. **Optionen und Handlungsalternativen:**
>   Es kommt nicht darauf an, die einmalige einzigartige Lösungen zu finden, die alle Beteiligten glücklich macht, sondern über Brainstorming und Kompromissbereitschaft allmählich eine Lösung für beide Parteien zu entwickeln.
> 4. **Objektive Entscheidungskriterien:**
>   Beide Parteien werden sich einig, wie das Ergebnis gemessen werden kann. Es wird eine Entscheidung getroffen, die objektiv nachvollziehbar und für alle Beteiligten akzeptabel ist.

4.3 Wenn's stressig wird: Stress und Stressbewältigung

Stress ist ein schillerndes Wort mit vielerlei Bedeutungen. Ursprünglich leitet es sich ab vom lateinischen »stringere«, was mit »anspannen« zu übersetzen ist. Zunächst wurde der Begriff für eine unspezifische körperliche Reaktion auf eine Anforderung verwendet. In der Alltagssprache kommt »Stress« häufig als Bezeichnung für vielerlei unangenehme Alltagserfahrungen zum Einsatz: »Ich hatte Stress« meint zunächst eine als unangenehm erlebte Anspannung.

Es ist einleuchtend, dass es in jedem Entwicklungsprojekt zu zahlreichen Stresssituationen kommen muss. Stressoren (= Stressauslöser) sind dabei neben den unterschiedlichen Menschen, die in einem Projekt aufeinandertreffen und irgendwie zusammenarbeiten müssen, besonders die Projektstrukturen:

Stressoren im Projekt

Jedes Projekt hat begrenzte Mittel und enge Zeitpläne. Letztere führen automatisch zu Anspannungen, denn die Zeit ist immer zu knapp und die Qualität nie hoch genug. Etwas Stress ist in den meisten Teams für den Teamzusammenhalt und den Spaß an der eigenen Leistung allerdings keineswegs störend, sondern eher als positiv zu werten. Ein völlig stressfreies Projekt ist nicht nur schwer vorstellbar, sondern wahrscheinlich auch ziemlich langweilig.

Stresssituationen ergeben sich natürlich auch für jedes Testteam, sei es für die gesamte Mannschaft, für den einzelnen Tester oder für den Testmanager.

Test und Qualitätssicherung erleben in allen Projektphasen Zeiten erhöhter Anspannung. Für Testteams wird erfahrungsgemäß die Arbeit umso stressiger, je mehr sich ein Projekt auf das Projektende zubewegt. Bei allen Projektbeteiligten entsteht gerade in den Schlussphasen eines Projekts das ungute Gefühl, dass es mit der Qualität vielleicht nicht zum Besten stehen könnte oder vielleicht einfach zu wenig getestet wurde. Zum Projektende hin steigen die Anspannung und auch die schiere Arbeitsmenge eines Testteams beträchtlich. Wie sehr die Belastung vom Einzelnen noch als positive Herausforderung erfahren werden kann, hängt nicht zuletzt von den Fähigkeiten des Managements und einer gut getakteten Projektorganisation ab. Gerade bei Stressbelastungen sind die individuellen Unterschiede jedoch beträchtlich: Was der eine noch als anregende Herausforderung erlebt, kann für den anderen in derselben Situation bereits völlig unerträglich sein.

Stress in Test und Qualitätssicherung

Weitere theoretische Hintergründe zum Thema »Stress« finden sich in Anhang A.7 unter »Stressmodelle«.

4.3.1 Wie sich Stress körperlich auswirkt

In jedem Dasein gibt es Phasen der Anspannung und der Entspannung – dies scheint ein allgemeines Charakteristikum jedes Lebens zu sein. Zeiten erhöhter Anspannung und Belastung sind deshalb für sich noch keine Katastrophe und können als durchaus anregend und aufregend erlebt werden. Doch die Grenze zwischen einer Herausforderung und einem echten Stressor, zwischen Eustress und negativem Stress ist schmal und kann schnell verrutschen.

Stress, wirklicher massiver Stress, der sogar als lebensbedrohend erlebt wird, hat deutliche körperliche Auswirkungen zur Folge. Die Notfallreaktionen gehen bis auf die Zellebene, so der Neurobiologe Gerald Hüther: »Auf zellulärer Ebene handelt es sich bei diesen Notfallbildern um bestimmte DANN-Sequenzen, die als ›early-immediate-genes‹ bezeichnet werden. Ihre Aktivierung führt dazu, dass der gesamte Zellstoffwechsel umgestellt wird. Die betreffende Zelle stellt dann alle hoch spezialisierten Leistungen ein, mobilisiert die noch verfügbaren Reserven und stabilisiert all jene Funktionen, die für ihr Überleben von entscheidender Bedeutung sind. Auf der Ebene des Gehirns entsteht im Fall einer solchen Bedrohung eine sich von den Wahrnehmungs- und Assoziationszentren rasch ausbreitende Unruhe und unspezifische Erregung« [Hüther 2010, S. 118].

Eustress und negativer Stress

Unter dem massiven Stress einer existenziell bedrohlichen Situation bereitet sich der Körper auf eine Flucht- bzw. Kampfreaktion vor. Es kommt zu einer vermehrten Ausschüttung der Neurotransmitter

Adrenalin und Noradrenalin. Die Neurotransmitter beschleunigen den Herzschlag, das Blut wird in die inneren Organe und die Skelettmuskulatur umgeleitet, was dazu führt, dass die Hände und das Gesicht kalt und blass werden. Gleichzeitig steigt die Körpertemperatur und die Schweißproduktion wird angeregt, sodass das Phänomen des »kalten Schweißes« entsteht, die Atmung wird beschleunigt.

Körperliche Stresssympthome

Alle Körperfunktionen, die für Kampf oder Flucht nicht benötigt werden (wie Verdauung, Sexualität, Wachstum), werden auf ein Minimum reduziert. Auch die Hirnfunktionen lassen nach: Die relativ langsamen Prozesse des Großhirns werden deutlich reduziert, die schematischen Abläufe des Stammhirns übernehmen mehr und mehr die Kontrolle. Jeder, der schon einmal vor einer größeren Expertenrunde reden musste, kennt die Stressreaktionen aus eigener Erfahrung: den kalten Angstschweiß, das Herzklopfen, die empfundene Leere im Gehirn, das sich plötzlich wie Watte anfühlt.

Auf lange Sicht kommt es durch eine andauernde Stressbelastung bei den am Stress beteiligten Organen zu Schäden. Länger andauernde Stressbelastungen sind deswegen keine Bagatellen, sondern ernsthaft und dauerhaft schädlich. Dauerstress führt zu Herz- und Kreislaufproblemen, Verdauungsschwierigkeiten, Gewichtsproblemen, Vergrößerung der Nebennieren, Antriebshemmung und Verringerung der Sexualität.

4.3.2 Wie sich Stress seelisch auswirkt

Neben diesen »greifbaren« körperlichen Symptomen kann dauerhafter Stress ebenso – je nach Persönlichkeitstyp – zu ernsthaften psychischen Problemen führen. Depressionen sind ein häufig auftretendes Problem bei Druck und Stress. Sie führen zu Stimmungsverflachung, Schlafstörungen, Gefühlen von Hoffnungslosigkeit und Minderwertigkeit, zu sozialer Isolation, Müdigkeit, Reizbarkeit, Ängstlichkeit und Suizidalität. Auch Ängste und Angststörungen können durch Stress entstehen, Angststörungen ihrerseits wieder Depressionen und Suchtprobleme auslösen. Weniger spektakulär, dafür aber im Alltag gut zu beobachten sind Verhaltensstörungen, die für Dauerstress typisch sind. Hierzu gehört neben einer verringerten Lernfähigkeit vor allem die Unfähigkeit zu kreativen Problemlösungen. Statt sinnvoller Reaktionen machen sich – wie schon erwähnt – Automatismen und mechanisches Abhandeln breit. Auch dauerhafte Konzentrationsstörungen können eine Folge von Dauerstress sein, mit den entsprechenden Auswirkungen auf die Leistung und Effizienz.

Der maximale Stress im Projektleben ist dann erreicht, wenn ein Projekt endgültig an die Wand fährt (wer es schon einmal erlebt hat, wird mir zustimmen). Wenn alles Vertuschen und Schönreden nichts mehr hilft und die Projektbeteiligten und/oder das Management sich eingestehen müssen, dass das Projekt aus Zeit- oder Budgetgründen nicht mehr zu retten ist, dann ist bei allen Beteiligten, auch bei den Testern, die ja nicht unbedingt im Zentrum des Geschehens stehen, ein maximaler Stresspegel erreicht.

Wenn ein Projekt schiefgeht ...

Ein gutes Management wird darauf achten, dass die Beteiligten auch in dieser Situation noch einigermaßen fair und menschlich miteinander umgehen und sich nicht in Ausreden und gegenseitigen Beschuldigungen ergehen. Die Verletzungen könnten lang andauernd sein und den Frieden und Zusammenhalt in einer Organisation ernsthaft gefährden. Unter erheblicher Stressbelastung kann der Firnis der Zivilisation plötzlich sehr dünn werden: »Das Projekt ist gescheitert und ein Ausweg ist – in Ermangelung alternativer, Orientierung bietender und handlungsleitender innerer Bilder – nicht in Sicht. Nun breitet sich eine zunehmende Verunsicherung aus, und der damit einhergehenden Angst kann schließlich nur noch durch den Rückgriff auf ältere, primitivere ›Notfallreaktionen‹ zur Sicherung des eigenen Überlebens begegnet werden: durch den Angriff (in seiner kollektiven Ausprägung ist das der Krieg) oder durch Flucht (wenn Menschen die Flucht ergreifen oder sich nur noch um ihre persönlichen Belange kümmern, bedeutet das die Auflösung des bisherigen Gemeinwesens)« [Hüther 2010, S. 117 f.]

Angriff oder Flucht mögen dem Gestressten zunächst reizvoll erscheinen, da sie den momentanen Stresspegel sofort reduzieren. Sie sind in ihren Auswirkungen jedoch langfristig für Projekte, Unternehmen und Menschen destruktiv.

Eine nicht ganz so martialische, aber ebenfalls bekannte psychische Reaktion ist die Einschränkung des klaren, rationalen Denkens unter hoher Stressbelastung sowie der Rückfall in regressive Verhaltensweisen, die in früher Kindheit eingeübt wurden: »Unter Stress kann der Mensch regressiv in die alten, in der frühen Kindheit ausgewählten Verhaltensmuster zurückfallen. Er handelt psychologisch gesehen wieder als Kind, was ihn daran hindert, effektiv und autonom mit der Stresssituation umzugehen« [Bernhard & Wermuth 2011, S. 36].

Wer unter Stress steht, ist also nicht mehr ganz er selbst und handelt nicht mehr durchgehend als autonomer Erwachsener. Hier liegt eine der Ursachen, warum Menschen unter hohem Druck (und damit unter Stress) keine gute Leistung mehr abliefern können: Das kindliche Denken folgt vermeintlich erfolgreichen Standards aus früheren Lebensphasen, kreative Problemlösungen bleiben auf der Strecke.

4.3.3 Wie man Stress wieder loswird

Wie die Ausführungen bisher bereits gezeigt haben, kann Stress in ganz unterschiedlicher Stärke und Dauer auftreten. Der störenden Auswirkungen von leichtem Stress, der jedes Projekt begleitet, kann man sich noch mit »Hausmitteln« erwehren. Hierzu gehören u.a. Yoga, Qigong, Meditation, Musik und Stressreduktionsmethoden wie die progressive Muskelrelaxation (PMR). Besonders Ausdauersportarten wie Joggen oder Radfahren bewähren sich dauerhaft, da sie u.a. dabei helfen, die Stresshormone im Körper abzubauen. Bei der progressiven Muskelrelaxation werden (anfangs unter Anleitung) bestimmte Muskelpartien etwa 5 bis 7 Sekunden lang angespannt, dann wird mit dem Ausatmen die Muskelpartie wieder entspannt. Das ganze Training dauert 30 bis 60 Minuten und wird am besten in einem Kurs erlernt.

Mittlere Stressbelastung: im Alltag häufig und störend

Bei mittleren Stressbelastungen empfiehlt es sich, die Situation mit einem Therapeuten oder Coach zu besprechen. Der Coach kann sehr hilfreich dabei sein, die eigenen eingefahrenen Denkgewohnheiten aufzubrechen und die Situation aus einem anderen Blickwinkel zu sehen und zu beurteilen. Der hierfür gebräuchliche Terminus »Reframing« wird u.a. in der neurolinguistischen Programmierung verwendet und meint eine Neu- und Umbewertung der Situation, in der sich der Klient befindet. Die Umbewertung soll es dem Betroffenen erleichtern, mit der Situation umzugehen und Handlungsalternativen aufzuzeigen.

Reframing

Ein Reframing kann z.B. dem Klienten zeigen, dass er sich nicht zwangsläufig in einer Opferrolle befindet und seine Situation selbst beeinflussen und ändern kann: »Der Klient kann und soll nicht gleich sein ganzes Leben ändern. Der Therapeut kann ihm aber dabei helfen, bestimmte Erfahrungen neu bzw. anders zu deuten (›Reframing‹), sodass er zumindest teilweise die Ebene des absoluten Pessimismus verlassen kann« [Bernhard & Wermuth 2011, S. 83].

Reframing kann den Klienten zu einem Wechsel seines inneren Standpunktes führen und damit die Stresssituation entspannen: »Stress kann auch entstehen oder sich verstärken, wenn unnachgiebig an Glaubenssätzen, Prinzipien, Blickwinkeln und Verhaltensweisen festgehalten wird. So werden Wahlmöglichkeiten und Freiräume eingeschränkt« [Bernhard & Wermuth 2011, S. 91].

Reframing kann dabei helfen, alte und nicht mehr taugliche Denkmuster aufzulösen und durch neue zu ersetzen. Das kann den Stress, den jemand sich selbst macht, nach und nach abbauen.

Schwere Stressbelastungen

Komplizierter wird es bei schweren Stressbelastungen, die den Menschen so fordern, dass er unter Umständen seinen Beruf nicht mehr ausüben kann. Hier geht es nicht mehr nur um Teilaspekte wie beim Reframing, sondern unter Umständen um die Neubewertung eines ganzen Lebenskonzepts. Ohne therapeutische Hilfe ist hier keine konstruktive Lösung in Sicht. Die dabei möglicherweise aufgedeckten inneren Stressoren, Barrieren und Antreiber können zu einem neuen Selbstbild und in der Folge davon u. a. zu einem Stellen- oder Berufswechsel führen. Solche tiefgreifenden Einsichten können z. B. zur Akzeptanz eines nicht ausreichenden Talents für eine bestimmte Tätigkeit führen oder zur Einsicht in die eigene Überforderung. Letztlich geht es darum, seinem Beruf und eventuell seinem Leben eine neuen Sinn zu verleihen und ein neues Lebenskonzept zu entwerfen, aus der Eigenanalyse heraus ein neues Gleichgewicht zu finden. Das geht allerdings weit über die Soft Skills hinaus; spätestens hier sollte man sich einem psychologisch geschulten Berater anvertrauen.

5 Kommunikative Kompetenz: Reden verbindet

Ein einziges Wort, gesprochen mit Überzeugung in voller Aufrichtigkeit und ohne zu schwanken, während man Auge in Auge einander gegenübersteht, sagt bei Weitem mehr als einige Dutzend Bogen beschriebenes Papier.

F. M. Dostojewski

5.1 Kommunikation ist entscheidend

Organisationen bestehen, weil die dort arbeitenden Menschen immer wieder ihre Handlungen aufeinander abstimmen. Sie machen das – allgemein betrachtet – durch Interaktion, d.h. indem sie gegenseitig aufeinander einwirken. Die wichtigste Form der Einwirkung auf andere Menschen ist die Kommunikation.

[Nerdinger, Blickle & Schaper 2008, S. 56]

Deutlicher als in diesem Zitat kann man kaum sagen, welche zentrale Rolle die Kommunikation für jedes Unternehmen spielt. Ohne Kommunikation gäbe es vermutlich keine Unternehmen, zumindest nicht in der Form, wie wir sie kennen. Ohne Kommunikation kann das Zusammenwirken von Menschen nicht funktionieren.

5.1.1 Was ist Kommunikation?

Es gibt mehrere Definitionen des Begriffs »Kommunikation«. Wir versuchen hier einen möglichst pragmatischen Ansatz. Kommunikation ist demnach der Prozess des Austauschs von Informationen zwischen mehreren Personen. Dabei können die Informationen über Sprache, Schrift, Symbole, Zeichen und Signale ausgetauscht werden. Neben dem reinen Informationsaustausch enthält Kommunikation aber immer auch eine soziale Komponente (siehe hierzu auch »Die vier Seiten einer Nachricht« in Anhang A.8).

Kommunikation mit allen Sinnen

Bei der Kommunikation hören wir nicht nur auf das, was eine Person sagt, sondern wir nehmen die Person mit allen Sinnen wahr. Was immer wir von einer anderen Person wahrnehmen, löst bei uns Gefühle, Erinnerungen, Interpretationen und Erwartungen aus. Diese inneren Reaktionen sind uns nicht immer bewusst, aber sie bestimmen wesentlich den weiteren Verlauf der Kommunikation. Nicht zuletzt deshalb ist Kommunikation ein höchst empfindliches Werkzeug.

5.1.2 Schriftliche Kommunikation in Testteams: Reports und Statusberichte

Das Reporting, auch »Berichtswesen« genannt, ist eine wesentliche Form der Kommunikation zwischen den Beteiligten eines Projekts. Ein Reporting ist eine zeitnahe, strukturierte und systematische Versorgung verschiedener Empfänger mit relevanten und konsistenten Informationen. Das Reporting sollte nicht im freien Raum erfolgen, sondern an die sonst auch übliche Unternehmenskommunikation angekoppelt sein. Natürlich ist die direkte Form der Kommunikation vorzuziehen, wo immer sie möglich ist. Was wie reportet wird, ist allerdings in vielen Unternehmen und Projekten nicht diskutierbar, sondern einfach vorgegeben.

Reporting meint im Falle der Qualitätssicherung in erster Linie die Darstellung von Testergebnissen, von Testfortschritten oder von gefundenen und beseitigten oder nicht beseitigten Fehlern.

Reporting als zentrale Kommunikationsaufgabe

Ein Reporting kann z.B. ein Statusbericht des Testmanagers sein, ebenso ein Vortrag zum Thema »Test und Qualität«, vielleicht auch nur eine formlose E-Mail. Das Reporting gehört zu den zentralen Aufgaben eines Testers und Testmanagers.

Reporting fordert die kommunikativen Skills jedes Testers, denn es hat (mindestens) zwei Dimensionen: Die eine ist die Dimension der reinen Tatsachen, die andere die Darstellung ebendieser Tatsachen. Ein und derselbe Testfortschritt lässt sich nämlich auf höchst unterschiedliche Weise darstellen, visualisieren und bewerten. Um das Ganze noch etwas komplizierter zu machen, sollte man zusätzlich bedenken, dass es in einem Projekt immer zwei Seiten der Kommunikation gibt: eine Kommunikation nach innen und eine nach außen. Das Reporting nach innen meint dabei die Weitergabe der vorhandenen Information an die Projektbeteiligten, das »Aufschlauen« der Kollegen, Entwickler und Projektleitung. Der andere Kommunikationsweg ist der Weg nach außen, das heißt die Darstellung des Projekts gegenüber den Stakeholdern wie dem Management, Controlling, Auftraggeber und Kunden.

5.1.3 Reporting nach innen

Das Reporting des Tests oder der Qualitätssicherung an die internen Projektbeteiligten ist normalerweise nicht übermäßig reglementiert. Gängige Praxis ist es, dass diejenigen Berichtsformen und Auswertungsstandards verwendet werden, die im Unternehmen üblich sind.

Das Reporting sollte sich allerdings auch im »Innenverkehr« in einer benutzerfreundlichen und attraktiven Form präsentieren, wenn es denn beachtet und gelesen werden soll. Das klingt trivial, ist es aber nicht. Eine Information macht nämlich nur dann Sinn, wenn

Benutzerfreundliches Reporting

- der Adressat die Information versteht,
- die Information eine Veränderung des Wissensstandes beim Adressanten hervorruft,
- die Information für die innere Projektwelt wertvoll ist, d.h. zur Projektsteuerung beiträgt.

Besonders folgenschwer ist der erste Punkt: Viele Informationen gehen unter, weil sie so aufbereitet sind, dass ihr Inhalt nur mühsam verstehbar ist. Kein Angehöriger des Managements wird sich jedoch die Mühe machen, sich in irgendwelche langen und/oder geschraubt formulierte Texte hineinzudenken. Reportings verpuffen also wirkungslos, wenn sie nicht schnell gelesen und verstanden werden können. Und das ist dann der Fall, wenn Berichte

- zu umfangreich sind,
- zu viel Fachsprache enthalten,
- zu komplizierte Sätze enthalten (Empfängergerecht ist z.B. ein Hauptsatz, maximal ein Nebensatz, nicht mehr als zwei Zeilen pro Satz, kurze Sätze, mit Punkten getrennt, siehe »Hamburger Verständlichkeitsmodell«.),
- unübersichtliches, leserunfreundliches Layout zeigen (z.B. mehr als 60 Zeichen pro Zeile),
- keinen Hinweis auf erwartete und notwendige Entscheidungen enthalten.

> **Empfehlungen für das Erstellen von Reports**
>
> Es empfiehlt sich, ein Reporting »von seinem Ziel her« zu planen. Vor der Erstellung eines Reports ist zu klären:
> - Zu welchem Thema wird berichtet?
> - Wer berichtet?
> - Wie oft wird berichtet (z. B. täglicher Fehlerreport, wöchentlicher Statusreport)?
> - Was ist Sinn und Ziel des Reportings?
> - Soll der Empfänger eher komprimiert oder umfassend informiert werden?
> - Soll der Empfänger lediglich einen Überblick erhalten oder benötigt er das Reporting als Grundlage für weitere Entscheidungen oder Aktionen?
> - Ist das Reporting wichtig für die Steuerung des Tagesgeschäfts?
> - Wie viel Zeit hat der Empfänger für die Reporting-Lektüre voraussichtlich?
> - Zu welchem Zweck lesen die Empfänger den Bericht? Ein Empfänger aus dem Topmanagement wird wahrscheinlich wenig Zeit haben, aber ein Controller, der ein Budget überwacht, wird sich auch für Einzelheiten interessieren, sofern diese kostenrelevant sind. In letzterem Fall sollte das Reporting umfassender sein und mehr Details enthalten.
> - Gibt es im Unternehmen Gewohnheiten/Standards für Reports, Berichte u. Ä.?
> - Werden bestimmte Darstellungsformen bevorzugt (Säulendiagramme, erläuternde Texte, Folien)? Es empfiehlt sich, die Lesegewohnheiten der Empfänger zu berücksichtigen. Meist sind diese es gewohnt, aus einer bestimmten Art der Darstellung die für sie interessanten Daten schnell herauszufiltern.
> - Ist ein Soll-Ist-Vergleich gewünscht, eine Budgetübersicht, ein Forecast?
> - Ist schnelle Verfügbarkeit wichtiger als eine aufwendige grafische Aufbereitung?

5.1.4 Reporting nach außen

Das »Reporting nach außen« kommt im Alltag des Testers oder Testmanagers seltener vor als das »Reporting nach innen«, ist dafür aber umso wichtiger. »Reporting nach außen« meint das Berichten an die Projektleitung, die Kunden oder an unterschiedliche Stufen des Managements – also Berichte an all die Stakeholder, die nicht selbst in den Projektalltag involviert sind.

Beurteilung von außen

Für die Beurteilung eines Projekts von außen ist es wesentlich, dass neben dem Stand des Budgets und der entstandenen Software auch die Qualität der entstehenden Software regelmäßig abgefragt wird.

Genau wie das Reporting nach innen besitzt auch das Reporting nach außen mehrere Dimensionen und Ebenen. Stakeholder, die sich über den Bereich Test und Qualitätssicherung berichten lassen, wollen wissen, wo ein Projekt wirklich steht, d.h. nicht nur wie viel Codemenge, sondern auch welche messbare Codequalität erzeugt wurde.

Anders als beim »Reporting nach innen« haben die Außenstehenden keine Kenntnis von den inneren Abläufen und Kommunikationsgepflogenheiten im Projekt; umso mehr gilt es sie da abzuholen, wo sie stehen. Für das Reporting heißt dies:

- Einfache, klar formulierte und verständliche Texte
- Übersichtsberichte und Grafiken, keine Details
- Anknüpfen der Reports an die Projekt- bzw. Unternehmensziele
- Darstellung objektiver Zahlen (Fehler, schwere Fehler, Geschwindigkeit der Fehlerbeseitigung)
- Darstellung, welche Anforderungen zu welchem Prozentsatz mit Tests abgedeckt worden sind (Coverage)

Wenn es sich bei den Stakeholdern um Kunden handelt, erhalten sie mit dem »Reporting nach außen« eine verwertbare und maßgebliche Sachinformation darüber, wie sich die Softwareerstellung tatsächlich entwickelt.

Neben der reinen Sachinformation enthält das Reporting zudem eine »Selbstkundgabe« (nach Schulz von Thun, siehe Anhang A.8) des Qualitätsmanagements sowie auf der Beziehungsebene die Botschaft, dass der Kunde ernst genommen und geschätzt wird. Das Reporting an den Kunden enthält last not least auch eine appellative Dimension, die lautet:

»Bitte, lieber Kunde, teile uns mit, wie unsere Tätigkeit bei dir ankommt, oder sage uns Bescheid, wenn wir etwas anders machen sollten.«

Die appellative Dimension des Reportings

Sollte es sich bei den Stakeholdern um das Management oder das Controlling handeln, erhalten diese einen vertieften Einblick, auf welchem Level sich die Entwicklung befindet – ob z.B. vorläufiger Code geschrieben wird, bereits brauchbarer Code oder schon fast fertiger, ausgereifter Code. Das wiederum lässt Rückschlüsse auf die Kompetenz des Entwicklerteams, des Testteams und der Projektleitung zu. Das Management muss sich auf die Reports, die es von der Projektleitung oder vom Testmanagement erhält, verlassen können, um im Ernstfall steuernd eingreifen zu können. Daher ist ein umfassendes, verständliches Reporting nicht nur Schaulaufen, sondern ein wichtiger Teil der Projektsteuerung.

Natürlich kann es nicht schaden, wenn das »Reporting nach außen« die Bedeutung und Sachkenntnisse des Testteams gut verkauft. Mit einem sachlichen und gut verständlichen Reporting kann das Testteam seine eigene Kompetenz wirkungsvoll darstellen. Das Reporting ist schließlich die Schnittstelle »nach oben«.

5.2 Warum Kommunikation für Testprojekte so wichtig ist

Die Wichtigkeit von Kommunikation für das Gelingen von Projekten wurde in den ersten Kapiteln schon mehrfach betont und begründet. Ohne funktionierende Kommunikation wird kein Projekt laufen, geschweige denn zu einem guten Ende kommen. Management, Partnerschaft, Politik – ohne Kommunikation wird auch kein anderes Feld des Lebens zufriedenstellend funktionieren.

Aber was zeichnet »gelingende« oder »gelungene« Kommunikation eigentlich aus?

Gelingende Kommunikation

Man sollte meinen, ein so wichtiges Feld wie das der menschlichen Kommunikation sei inzwischen so umfangreich erforscht und durchleuchtet, dass sich aus all dem Wissen für jede Situation die passenden Regeln und Verhaltensmuster ableiten ließen. Eine Weile sind Psychologen und Manager tatsächlich von dieser optimistischen Einstellung ausgegangen, um dann zur Einsicht zu gelangen, dass es mit den fixen Regeln auf dem Gebiet der Kommunikation doch nicht so einfach ist: »Aus der richtigen Einsicht heraus, dass die Aufgabe der Kommunikationspsychologie nicht nur im Erklären besteht (zum Beispiel wie es zu typischen Störungen kommt), sondern auch im Gestalten (wie man denn besser miteinander ›klarkommen‹ kann), hatte sie klassische Wegweiser angeboten: Ich-Botschaften, aktives Zuhören, Sach- und Beziehungsebene voneinander trennen, Metakommunikation, Feedback, Selbstoffenbarung usw. So sehr die oben genannten Kategorien dazu taugen, die Wahrnehmung für zwischenmenschliches Gesprächsverhalten zu schärfen, so begrenzt und manchmal zweifelhaft ist ihre Tauglichkeit als Komponente eines Kommunikationsideals« [Schulz von Thun 2010, S. 13].

Schulz von Thun & Co. gelangten im Laufe der Zeit zu der Ansicht, dass gerade bei einem so lebensnahen und lebendigen Thema wie der Kommunikation die einfachen Regeln nicht immer weiterhelfen. Es gibt eben Situationen, in denen die berühmten »Ich-Botschaften« ganz schlecht ankommen und es auch mit Metakommunikation nicht getan ist. Kommunikation ist vielmehr immer erst aus der Situation wie auch aus der Persönlichkeit der Kommunizierenden heraus verständlich. Schulz von Thun unterscheidet daher acht Kommunikationsstile, die bei jedem mehr oder weniger ausgeprägt oder je nach Lebenssituation mehr oder weniger deutlich zu Tage treten:

- der hilfsbedürftig-abhängige Stil
- der helfende Stil
- der selbstlose Stil
- der aggressiv-entwertende Stil
- der sich beweisende Stil
- der bestimmend-kontrollierende Stil
- der sich distanzierende Stil
- der mitteilungsfreudig-dramatisierende Stil

Dabei sollte man sich jedoch vor Augen halten, dass diese Darstellung keine Wertung enthält. Es kann also Situationen geben, in denen ein selbstloser Stil gute Kommunikation verhindert und nur der distanzierende Stil weiterhilft und umgekehrt. Nicht jedes positiv bewertete Sozialverhalten führt in allen Situationen zu einer geglückten Kommunikation.

5.2.1 Wer wie kommuniziert

In der Welt der technisch ausgerichteten Projekte kommen sämtliche der von Schulz von Thun beschriebenen Kommunikationsstile vor. Der »bedürftig-abhängige Stil«, der »helfende Stil«, der »selbstlose Stil« und auch der »mitteilungsfreudig-dramatisierende Stil« treten zwar auf, führen aber in der Regel zu keinen größeren Problemen. Schwierigkeiten im Sinne von Konflikten, Kommunikationsstörungen und Problemen bei den Teammitgliedern untereinander treten am ehesten dort auf, wo einer oder mehrere der Beteiligten den »aggressiv-entwertenden Stil«, den »sich beweisenden Stil«, den »bestimmend-kontrollierenden Stil« und den »sich distanzierenden Stil« pflegen.

Um diese Verhaltensstile und den Umgang mit ihnen geht es im Folgenden. Schulz von Thun nennt die Stile übrigens »Strömungen« und betont damit einen wichtigen Aspekt: Nicht jeder Verhaltensstil ist in Stein gemeißelt und nicht jeder Mensch wird sich lebenslang nach einem Stil verhalten. Vielmehr bestimmen wesentlich die Situation und die umgebenden Projektmitglieder, welche »Strömung«, sprich welche Art des Verhaltens zum Vorschein kommt und sich überhaupt entfalten kann.

Verhaltensstile und Kommunikation

5.2.1.1 Der aggressiv-entwertende Stil

»Bei dieser Strömung geht es darum, den anderen möglichst klein und unbedeutend zu machen. Das dahinter stehende seelische Axiom lautet: ›Ich bin nicht in Ordnung, mache erbärmlich alles falsch. Wehe, jemand merkt es! Dann werde ich untergebuttert und gnadenlos verachtet!‹« [Schulz von Thun 2010, S. 118].

So beschreibt Schulz von Thun jene nur mäßig beliebten Zeitgenossen, die keinem Streit aus dem Weg gehen und auch schon einmal eine Projektsitzung oder ein Meeting zu einer lautstarken Auseinandersetzung werden lassen können.

Das vorhandene Minderwertigkeitsgefühl setzt sich zur Wehr, indem es versucht, durch Herabsetzung des anderen selbst als möglichst gut, groß und unverletzbar zu erscheinen. Der aggressiv-entwertende Stil hat eine Nähe zur körperlichen Gewalt, doch im normalen Berufsleben ist es von der Verbalaggression bis zur Handgreiflichkeit normalerweise noch ein weiter Weg. Allerdings darf man sich von jemandem, der aggressiv-entwertend vorgeht, keinerlei »Gnade« oder Verständnis erwarten, selbst dann nicht, wenn man einknickt und sich selbst entwertet. Dieses Verhalten erinnert den Aggressiv-Entwertenden vielmehr an die eigene zugrunde liegende Minderwertigkeit und reizt erst recht zum Angriff.

Das Vorgehen des Aggressiv-Entwertenden ist auf verschiedenen Hierarchieebenen unterschiedlich, doch gewisse Grundstrukturen bleiben stets gleich. So neigen Menschen mit einem aggressiv-entwertenden Kommunikationsstil dazu, aus der Menge der (in einem Betrieb, einem Projekt, einer Institution) vorhandenen Normen und Standards eine davon auszusuchen und sein Gegenüber an dieser zu messen. Das vermeintliche Defizit wird nun gnadenlos kommentiert und vorgeworfen. Sollten zugkräftige Gegenargumente kommen, wechselt der Aggressiv-Entwertende schnell die Ebene, kontert z. B. mit »Warum werden Sie so laut?« oder flüchtet in Ironie oder eine feindselige Witzigkeit.

Der aggressiv-entwertende Stil kommt natürlich nicht nur in Projekten oder im Berufsleben vor, sondern ebenso in der Politik, in der Erziehung (hier wirkt sich dieser Kommunikationsstil besonders verheerend aus) und in Partnerschaften.

Der aggressiv-entwertende Kommunikationsstil mag auf den ersten Blick ausschließlich negative und unangenehme Seiten für alle Beteiligten haben – er wirkt zunächst wie eine Destruktion von Kommunikation überhaupt – aber er hat auch, wenn schon nicht positive, so doch aufrüttelnde und klärende Auswirkungen.

Die positiven Seiten der Klarheit

Es kann sehr reinigend und positiv für alle Beteiligten wirken, wenn unangenehme Wahrheiten ausgesprochen, Gegensätze klar definiert und Konflikte ausgelebt werden. Dazu Schulz von Thun: »Diese einseitige Ausrichtung (= des aggressiv-entwertenden Kommunizierens) ist besonders für solche Menschen nicht entwicklungsfördernd, die von Haus aus eher intropunitiv, aggressionsgehemmt depressiv und harmoniesüchtig (im Gegensatz zu streitsüchtig) sind; für sie ist die zornige Du-Botschaft eine wesentliche Bereicherung ihrer Verhaltensmöglichkeiten, sie müssen (wieder) lernen zu schimpfen« [Schulz von Thun 2010, S. 113].

Wie dem auch sei: Ein technisches Projekt ist keine Therapiesitzung und die destruktive Komponente in der aggressiv-entwertenden Kommunikation kann die Projektbeteiligten abstoßen und/oder verwirren. Die Entgegnung auf diesen Kommunikationsstil kann nur ein möglichst hohes Maß an Sachlichkeit und Neutralität sein. Man muss, so weit möglich, allen Beteiligten klarmachen, dass es beim Meinungsaustausch in einem Projekt um Sachfragen und nicht um Personen geht. Wo das nicht möglich ist, kann eine einzige Person die Stimmung im Projekt aggressiv aufheizen und die Produktivität nahezu zum Stillstand bringen.

Testmanager oder Tester, die sich in den oft durch eine aggressiv-entwertende Kommunikation ausgelösten Konflikt hineinziehen lassen, ohne selbst eine Tendenz zum Aggressiven zu haben verfügen über gute Chancen aus dem Konflikt als Verlierer hervorzugehen.

Damit tun sie weder sich noch dem Projekt noch der Qualität »ihrer« Software einen Gefallen. Wenn trotz entsprechender Bemühungen keine Win-win-Situation mehr zu erreichen ist, müssen andere Mittel der Konfliktlösung angewendet werden (siehe Abschnitt 4.2.2).

Aggressiv-entwertend Kommunizierenden geht man besser aus dem Weg.

5.2.1.2 Der sich beweisende Stil

Wer kennt sie nicht, jene Kollegen, die stets den Eindruck vermitteln, alles zu wissen, über alles informiert zu sein, und die offenbar ohne Unterbrechung ungeheuer wichtige Dinge zu tun und zu besprechen haben? Immer verfügen sie über das neueste und beste elektronische Equipment, jederzeit sind sie auf dem Laufenden. Bevorzugte Gesprächsthemen sind neue Java-Bibliotheken oder die neueste Oracle-Version. Den Kollegen gehen diese Zeitgenossen entweder fürchterlich auf die Nerven oder sie empfinden ihnen gegenüber eine gewisse Bewunderung – immer im Bewusstsein, dass sie nie so sein werden und nie so sein können. Die narzisstische Zurschaustellung der eigenen Überlegenheit lässt eine wirkliche Kommunikation nicht aufkommen, weder auf der sachlichen noch auf der Beziehungsebene. Auf der sachlichen Ebene versucht der Sich-Beweisende ständig die eigene (überlegene!) Kompetenz zur Schau zu stellen, auf der Beziehungsebene nimmt er Gegenargumente nur selten ernst (»Die haben sowieso keine Ahnung«). Dieses Verhalten macht Kommunikation schwierig.

Nach Friedemann Schulz von Thun lautet bei den sich beweisenden Zeitgenossen das seelische Axiom: »Ich bin nicht liebenswert – nur in dem Maße, in dem ich gut bin, verdiene ich Lob und Anerkennung« [Schulz von Thun 2010, S. 155].

Es geht den Beteiligten darum, stets eine perfekte Oberfläche zu präsentieren, was auf die Dauer äußerst anstrengend ist, da die weniger perfekten Teile der eigenen Psyche unterdrückt und verdrängt werden müssen. Es baut sich eine ungeheure Anspannung auf, denn selbst wenn die so ersehnte Bewunderung gespendet wird, müssen diese Menschen sich selbst gestehen, dass diese Außendarstellung nicht ihrem wirklichen Ich entspricht, Zum Spannungsabbau verhilft diesen ein ruheloser Aktionismus, ausgelebter beruflicher Ehrgeiz, manchmal aber auch die Flucht in Medikamente und Alkohol. In einer männlich dominierten Berufswelt mit entsprechenden Hierarchien und Karrieremöglichkeiten kommt diese Art des Verhaltens und der Kommunikation sehr gut an. Umso mehr besteht die Gefahr, dass sich dieser Verhaltensstil verselbstständigt und mit der eigenen Persönlichkeit kaum mehr etwas zu tun hat – es geht nur noch um den Ehrgeiz um des Ehrgeizes willen, um Aktion um jeden Preis.

Das destruktive Potenzial des sich beweisenden Stils

Das destruktive Potenzial, das in einem solchen Verhalten steckt, wird im Berufsleben meist erst sehr spät gesehen, denn zunächst wirkt der Sich-Beweisende durchaus im Sinne der Firma. Selbstverständlich sind Menschen mit dieser psychischen Struktur anfällig für Herzinfarkt, Burnout, Bluthochdruck und andere typische Stresssymptome. Manchmal sind es erst die körperlichen Signale, die bei dieser Personengruppe ein Umdenken herbeiführen. Wenn der Sich-Beweisende sich eingesteht, dass auch er Schwächen und Probleme haben kann, wird eine offene und effektive Kommunikation wieder möglich.

5.2.1.3 Der bestimmend-kontrollierende Stil

Der berühmte Satz »Vertrauen ist gut, Kontrolle ist besser« stammt mit Sicherheit von jemandem, der einen bestimmend-kontrollierenden Kommunikationsstil bevorzugte. Nach Schulz von Thun lautet das seelische Axiom eines solchen Typus: »Ich bin voll von chaotischen, sündhaften, unvernünftigen Impulsen – nur wenn ich mich an strenge Regeln halte, kann ich mich in der Gewalt haben und ein anständiger Mensch bleiben« [Schulz von Thun 2010, S. 175].

Dem Bestimmend-Kontrollierenden geht es nicht darum, den anderen herabzusetzen wie beim aggressiv-entwertenden Stil, es geht ihm aber darum, die Kontrolle über sich und eine (als chaotisch empfundene) Umwelt zu behalten. Durch dieses Bedürfnis, auch die Umwelt möglichst zu kontrollieren, wird der Bestimmend-Kontrollierende allerdings schnell übergriffig und möchte möglichst auch seinen Kollegen die eigenen Regeln, Standards und Lebensweisheiten aufdrängen. Das führt verständlicherweise bei den Kollegen zu Verstimmungen, denn wer lässt sich schon gerne ständig Vorschriften machen. Selbst in der Rolle des Vorgesetzten wird dieses Verhalten heute kaum mehr toleriert, besonders dort, wo der Vorgesetzte in erster Linie als Moderator verstanden wird.

Bei allen Schwierigkeiten sollte man allerdings betonen, dass dieser Verhaltens- und Kommunikationsstil durchaus auch seine positiven Seiten hat: Gerade in chaotischen Projektsituationen ist es äußerst nützlich, wenn zumindest eine Personen auf die Einhaltung von Regeln und Zeitplänen pocht und auch noch den Eindruck vermittelt, sie wüsste, wo es jetzt langgeht. Auch Programmierstandards oder Prozessabläufe wollen nicht nur niedergeschrieben, sondern auch befolgt werden. Menschen mit einem bestimmend-kontrollierenden Kommunikationsstil können als Projektleiter, Teamleiter oder Testmanager ihre angeborenen Talente mit am besten einbringen, indem sie einen Rahmen vorgeben und besonders am Projektbeginn, wenn vieles erst noch geklärt werden muss, Ordnung und Ruhe in das anfangs oft leicht verwirrte Team bringen.

In manchen Projektsituationen, besonders beim oft chaotisch verlaufenden Projektbeginn, kann es sehr hilfreich sein, wenn eine Person ordnend eingreift und sagt, wo die Reise hingehen soll. Wenn der bestimmend-kontrollierende Stil allerdings in Kontrollzwang und Übergriffigkeit ausartet, muss und wird ihm das Team bzw. die Projektleitung entschieden entgegentreten. Wer selbst zu einem bestimmend-kontrollierenden Verhalten neigt, wird sich und dem Team einen großen Gefallen tun, wenn er mehr Flexibilität und Offenheit an den Tag legt.

Kommunizieren geeignete Testmanager bestimmend-kontrollierend?

5.2.1.4 Der sich distanzierende Stil

Förmlichkeit, Distanz, Abstand, emotionale Kühle – so lauten die Botschaften, die Menschen mit einer sich distanzierenden Strömung aussenden. Auch wer kein sehr empfindliches »Beziehungsohr« besitzt, wird merken, dass man einem solchen Zeitgenossen (meist handelt es sich um Männer) besser nicht allzu nahekommen soll. Dabei will der Distanzierte nicht nur zu anderen Menschen Abstand wahren – er hat den Abstand auch in sich selbst. Es gibt Teile in seiner Psyche, an die er selbst nicht heranwill und an die er erst recht niemand anderen heranlässt. Nach Schulz von Thun lautet sein seelisches Axiom: »Wenn ich mich öffne und jemand ganz an mich heranlasse, begebe ich mich in große Gefahr: Ich könnte in eine solche Abhängigkeit geraten, dass ich jeder Verletzung preisgegeben bin und mich selbst in der Gefangenschaft der Verschmelzung verliere« [Schulz von Thun 2010, S. 196].

So schwierig der Sich-Distanzierende auch in engeren menschlichen Beziehungen sein mag, für Projekte stellt seine Verhaltensweise im Normalfall kein allzu großes Problem dar. Anders als der aggressiv-entwertende Stil wirkt das Distanzieren nicht direkt verletzend. Der Vorteil dieses Typus liegt darin, dass er unabhängig von anderen »im stillen Kämmerlein« seine Arbeit verrichten kann. Die Ansprüche an Teamgeist und Ansprache sind gering, was bei Entwicklern und Testern nicht unbedingt ein Manko sein muss. Ungeübt im Umgang mit der Welt der Gefühle ist er eigentlich gern mit sich allein. Kontakte sind für den Sich-Distanzierenden eher anstrengend. So wirkt er nach außen durchaus umgänglich und freundlich, solange man ihn nicht bedrängt. Er beteiligt sich zwar an Gesprächen, wirkt dabei jedoch eher distanziert und begrenzt seine Themen gerne auf den technischen Bereich.

Vorteile des sich distanzierenden Kommunikationsstils

Die Vorteile des Sich-Distanzierenden im Projektleben liegen normalerweise darin, dass der Distanzierte keine Probleme damit hat, seine Rolle zu übernehmen und auszufüllen. Da er nicht jedermann jederzeit alles recht machen muss kann er ohne größere Probleme Verantwortung übernehmen, Entscheidungen entsprechend rational begründen und verantworten. Er wird auch nicht um der reinen Harmonie willen zu allem Ja und Amen sagen, sodass der Sich-Distanzierende durchaus Konflikte durchstehen kann, ohne zu früh einzuknicken und ohne jemanden bewusst zu verletzen. Von seiner »sozialen Ausstattung« her passt der Sich-Distanzierende also durchaus gut in das Projektleben. Dass er sich privat nur schwer aufschließt stört den Projektablauf eher nicht.

5.3 Kommunikation in Foren, Blogs, Mailinglisten und Wikis

Die Welt im Internet hat ihre eigenen Spielregeln. Neben den Informationen, die man über die Suchmaschinen finden kann, bilden die unterschiedlichen Mailinglisten und Foren zu allen nur möglichen technischen Themen eine wichtige Informationsquelle für Testmanager und Tester. Dies beinhaltet auch die Möglichkeit, an das Publikum eines Forums Fragen zu stellen und mit etwas Glück eine kompetente Antworten zu erhalten.

Die Welt der Foren hat ihren eigenen Verhaltenskodex. Nur wer sich angemessen, kompetent und freundlich verhält, wird die Hilfe und die Antworten bekommen, die er hier sucht. Was für Mailinglisten und Foren gilt, lässt sich ebenso anwenden auf Wikis sowie die Kommentarfunktionen der privaten und kommerziellen Blogs.

5.3.1 Was Forenbenutzer gerne lesen

Tester stoßen genau wie Entwickler immer wieder auf technische Fragen, die sich nicht ad hoc beantworten lassen – oder die man lieber nicht fragen will. »Googeln« scheint in diesem Fall das Mittel der Wahl zu sein und in vielen Fällen ist es das auch. Das Internet mit seinen riesigen Möglichkeiten verspricht schnelle Hilfe auf (fast) alle technischen Fragen. Wer keine direkte Antwort auf seine Frage findet, kann immer noch die unterschiedlichsten Foren und Blogs bemühen und auch in aktive Diskussionen eintreten. Für Tester und Testmanager sind diese Instrumente besonders nützlich: Gerade Tester stehen oft vor der Herausforderung, sich sehr kurzfristig in ein technisches Thema einarbeiten zu müssen. Das Wissen muss nicht allzu tiefgründig sein, aber wer einen technischen Test durchführen will, der sollte wenigstens ansatzweise wissen, was sich hinter JBoss oder CICS verbirgt, wozu es verwendet wird und mit welchen Ergebnissen und Überraschungen man rechnen darf. Da können im Test plötzlich unerwartete Ergebnisse und Errors auftauchen, auf die man als Tester so nicht vorbereitet war. Wenn alle Dokumentation nicht hilft und eventuell auch die Entwickler nicht mehr recht weiterwissen, bleibt als naheliegende Lösung, in einem entsprechenden Forum anzufragen.

Zunächst ist es wichtig zu wissen, dass Benutzer von Foren meist Probleme und zum Nachdenken anregende Fragen durchaus schätzen, sonst würden sie nämlich bei dem Forum gar nicht erst mitmachen. Gute Fragen stimulieren die User eines Forums, helfen das Verständnis für Applikationen und Softwareprobleme zu vertiefen und weisen auf neue Probleme hin.

Allerdings darf man ein Forum auch nicht als Einladung verstehen, beliebig dumme Fragen zu stellen. Wer den Eindruck erweckt, dass er sich nicht selbst um die Lösung eines Problems gekümmert hat, kann in einem Forum schnell auf unverhohlene Feindseligkeit stoßen. Häufig ist es natürlich der Fall, dass die User einer Software einfach nur wissen wollen, wie etwas funktioniert, ohne sich in die technischen Details zu verlieren. Doch für »Allerweltsfragen« gibt es Google, man muss damit keinem lebendigen Menschen seine Zeit stehlen.

Problemlösung erst selbst versuchen

Die meisten Teilnehmer in technisch ausgerichteten Foren sind Freiwillige, haben selbst wenig Zeit und halten es daher für mäßig komisch, dass sie Leuten helfen sollen, die sich zuvor nicht wirklich um eine selbstständige Lösungsfindung bemühen wollen. Die beste Art, schnelle Hilfe zu erhalten, besteht deshalb darin, dass man mit Selbstvertrauen, aber auch mit etwas Vorwissen klarmacht, welche Art von Hilfe oder Information man sich von den Forum-Teilnehmern wünscht. Wer völlig blank und bar jeder Ahnung von der Materie in einem Forum aufschlägt, wird keine oder wenn, dann seltsame Antworten erhalten.

Zumindest die folgenden Wege zur Beschaffung einer Wissensbasis sollte der Anfrager im Vorfeld gegangen sein, um dann im Forum verstanden und ernst genommen zu werden:

- Er sollte in den Archiven des Forums, das er nutzt, nach einer Antwort gesucht haben.
- Er sollte versuchen, eine Antwort durch Suchen im Web zu finden.
- Er sollte die im Web zugänglichen Tutorials und Manuals durchsucht und auch die FAQs gelesen haben.
- Er sollte versuchen, eine Antwort durch eigene Untersuchungen und Tests zu finden.
- Er sollte bei unklaren Fehlermeldungen den Wortlaut der Meldung schon einmal in Google eingegeben und die Ergebnisse ausgewertet haben.

Wer eine Frage stellt, der sollte durchblicken lassen, dass er all diese Dinge bereits unternommen hat und nicht aus Bequemlichkeit den virtuellen Kollegen ihre Zeit stiehlt.

Nur gut durchdachte Fragen stellen

Es empfiehlt sich, eine Frage gut zu durchdenken, bevor man sie einer größeren Zuhörerschaft präsentiert. Wirkliche Experten durchschauen nämlich ziemlich schnell den Informationsstand des Fragenden. Nur auf eine durchdachte Frage wird man eine fundierte Antwort erhalten. Hastig gestellte Fragen führen zu hastigen Antworten, wenn denn überhaupt eine Antwort zurückkommt. Niemand, der in einem Forum Fragen stellt, hat ein Recht auf eine Antwort. Ein Recht auf Antworten gibt es nur bei einer bezahlten Support-Hotline, und auch da gibt es Grenzen. Die Chancen auf eine Antwort steigen jedoch beträchtlich, wenn man eine durchdachte Frage stellt, die auch andere Blog-Teilnehmer interessieren könnte und zum Denken anregt.

Die Chancen auf eine Antwort steigen ebenfalls, wenn man seine Fragen sorgfältig und genau stellt. Hierzu gehören Angaben zur Umgebung, in der ein Fehler oder das Programm auftaucht, sowie Angaben zur Version und Distribution, eventuell die Angabe einer Patch-Nummer. Weiter empfiehlt es sich, genau anzugeben, welche Versuche man bisher unternommen hat, um das Problem zu lösen bzw. den Fehler zu finden, sowie eventuelle Konfigurationseinstellungen.

In einem interessierten Umfeld sollte man auch genau beschreiben, wie das aufgetretene Problem reproduziert werden kann. Das ist besonders wichtig, wenn man der Meinung ist, dass der Fehler in einem bestimmten Programm steckt (und nicht bei dem, der vor dem Bildschirm sitzt, also Ihnen). Wenn andere User dieses Problem ebenfalls kennen und bereits gelöst haben, wird umso schneller eine brauchbare Antwort kommen.

Eigene Versuche zur Problemlösung kurz beschreiben

Bei Fragen im Forum kommt es nicht auf die Menge an Text an, die man übers Netz schickt, sondern auf die Präzision und Genauigkeit. Große Mengen Sourcecode oder langatmige Testfälle in Fragen zu verpacken, ist meist keine gute Idee. Wer Leser finden will, sollte seine Fragen möglichst vereinfachen. Das hilft nicht nur den potenziellen Lesern, sondern auch dem Fragesteller selbst, denn es zwingt dazu, das Problem noch einmal zu durchdenken, sodass man vielleicht doch noch von selbst zu einer naheliegenden Lösung findet.

Wer in einer allgemein verbreiteten Software einen Fehler gefunden zu haben meint (z.B. in einem gängigen Testtool), sollte sich seiner Sache sehr sicher sein, bevor er den Fehler postet. Das beste Argument sind entsprechende Tests, die das Fehlverhalten stringent nachweisen. Dabei sollte man sich vor Augen halten, dass dieses Fehlverhalten bei anderen Usern offensichtlich nicht auftritt, sonst hätte es schon einen entsprechenden Hinweis in irgendeinem thematisch verwandten Forum gegeben. Es ist also eher wahrscheinlich, dass man die Software falsch verwendet, als dass man der erste Mensch ist, der plötzlich einen wichtigen Fehler gefunden hat.

5.3.2 Schreib- und Sprachstil in Foren

Es ist wichtig, Fragen klar und deutlich zu formulieren. Damit zeigt der Forum-Teilnehmer, dass ihm seine Leser wichtig sind und er wirklich mitdenkt. Dazu gehören eine korrekte Rechtschreibung und Interpunktion sowie dass man nicht den gesamten Text nur groß oder nur klein schreibt, denn beides setzt die Lesbarkeit erheblich herab. Vermutlich wird man dann auf eine Reaktion oder Antwort lange warten dürfen.

Bei der Beschreibung eines Problems oder eines vermuteten Fehlers empfiehlt sich – wie bei anderen Fehlerbeschreibungen im Testbereich auch – die Schilderung des Problems in chronologischer Reihenfolge. Die Beschreibung sollte genau enthalten, welche Schritte getan wurden und wie die Reaktion von Computer und System aussah, bis das Problem aufgetreten ist.

Klare Formulierungen, Fehlerbeschreibungen in chronologischer Reihenfolge

Fragen sollten deutlich als solche gestellt und nicht in einem Prosatext umschrieben werden. Hilfreich für den potenziellen Leser ist es auch, wenn man klar kommuniziert, was man eigentlich erwartet: ein Codeschnipsel, eine Anleitung, eine Hinweis auf den nächsten Schritt u.Ä. Als Fragender sollte man sich immer vor Augen halten, dass Experten, auf welchem Gebiet auch immer, meist sehr wenig Zeit haben. Wenn man eine Antwort von Experten bekommen möchte, muss die Frage entsprechend klar, kurz und deutlich formuliert sein. Das heißt nun nicht, dass man nicht zumindest höflich sein soll. Eine gewisse (nicht übertriebene) Höflichkeit zeigt, dass man seine Leser respektiert – und dies erwartet der Leser eines Forums schließlich.

Netz-Höflichkeit

Zur Höflichkeit gehört auch eine kurze Mail, falls man einen Rat angenommen hat und damit sein Problem lösen konnte. Ein kurzes »Hallo – es war eine falsche Zuweisung. Danke an alle, die geholfen haben« ist besser als nichts und zeigt, dass man seine Leser und Helfer respektiert. Eine Betreffzeile wie »fixed« oder »Problem gelöst« kann jeder überlesen, der das Problem nicht mitverfolgt, für die anderen ist derlei umso aussagekräftiger. Bei komplexeren Problemen kann auch noch einmal kurz darauf hingewiesen werden, wie man in eine Sackgasse geraten ist und was man besser vermeiden sollte. Wenn das alles gut und präzise formuliert ist, kann man sich im Forum durchaus Freunde machen. Eine kurze Antwort ist natürlich auch für alle, die geholfen haben, ein befriedigendes Gefühl. Wenn eine Lösung im Nichts verplätschert, hinterlässt das ein ungutes Gefühl bei denen, die zu helfen versucht haben. Möglicherweise war ihr Lösungsangebot ja untauglich und die anderen Teilnehmer im Forum, die vielleicht das dasselbe oder ein ähnliches Problem haben, können dann nicht abschätzen, ob deren Lösungsvorschlag nun brauchbar war oder nicht.

Wer eine Antwort nicht sofort versteht, sollte der Versuchung widerstehen, sofort eine Bitte um Klärung zurückzuposten. Vielmehr ist man dann selbst gefordert, zur »Entschlüsselung« alle Mittel einzusetzen, die zur Verfügung stehen, wie Suche im Netz, Suche in früheren Antworten oder im Foren-Archiv usw.

Unberechtigte Angriffe und Shitstorms

Eher selten, aber dennoch kann es vorkommen, dass sich jemand von einer Frage genervt fühlt und mit ätzender Kritik antwortet. Meist ist es das Beste, einen solchen Angriff vornehm zu ignorieren und nicht weiter darauf einzugehen. Wenn die Kritik wirklich völlig aus der Luft gegriffen oder restlos überzogen ist, wird sich einer der Betreiber des Forums oder ein anderer User einschalten und dem Kritiker entsprechend antworten. Auf jeden Fall ist niemandem, wirklich niemandem geholfen, wenn man sich fürchterlich aufregt und in der Folge einen ebenso langwierigen wie sinnlosen Shitstorm im Forum entfacht.

Anders ist es mit Hinweisen, dass man sich falsch benommen oder gegen die Regeln des Forums verstoßen hat: Eine solche Kritik ist durchaus ernst zu nehmen und auch zu beherzigen, sie sollte aber ebenfalls unkommentiert bleiben. Wem außer dem eigenen Ego wäre mit einem Kommentar dazu auch geholfen?

5.3.3 Was man besser lassen sollte

Wer in einem Forum aufschlägt und sich dort in die Diskussion einschaltet, sollte in Ansätzen die Vorlieben und manchmal auch Vorurteile kennen, die dort gepflegt werden. So gibt es beispielsweise Foren, die grundsätzlich etwas gegen Microsoft (oder gegen Apple oder gegen IBM oder gegen sonst jemanden haben). Man wird sich also in einem solchen Forum weder Freunde machen noch Antworten erhalten, wenn man Fragen zu dort geächteten Produkten stellt.

Was in den meisten Foren ignoriert wird, sind allgemeine Fragen wie: »Das Programm läuft nicht. Könnte es an der Grafikkarte liegen?« In solchen Fällen muss man sich schon die Mühe machen und genauer beschreiben, was an dem Programm nicht läuft. Startet es erst gar nicht? Ist die Anzeige defekt? Erhält man falsche Antworten? Oder warum kommt man auf die Idee, dass die Grafikkarte Ursache sein könnte? Ist die Anzeige verzerrt oder unleserlich?

Wie mit ignorierten Fragen umgehen?

Wer man in einem Forum keine Antwort erhält, obwohl man die »richtigen« Fragen gestellt und sich auch nicht danebenbenommen hat, sollte das trotzdem nicht persönlich genommen werden. Es muss keine Arroganz dahinterstecken, vielmehr kann es auch sein, dass einfach niemand eine passende Antwort weiß. Auch in diesem Fall ist es keine gute Idee, die Frage nochmals zu posten. Vielleicht dauert es einfach noch etwas, bis jemand die nötige Zeit zu einer Antwort findet, vielleicht kennt aber auch niemand das spezielle Problem. Falls wirklich keine Antwort kommt, kann man immer noch andere Quellen anzapfen oder in einem anderen Forum sein Glück versuchen.

Es kann aber auch der umgekehrte Fall eintreten, nämlich dass man als Tester oder Testmanager selbst eine Antwort im Forum geben will.

Wenn man selbst mitmachen will

Dann gilt das soeben Gesagte genauso: Es empfiehlt sich, freundlich zu bleiben, auch wenn der Fragende sich vielleicht ungeschickt ausgedrückt hat. Es bringt gar nichts, jemanden runterzumachen, der vielleicht unter starkem Stress steht oder ein absoluter Neuling ist. Genauso sollte man es auch offen zugeben und schreiben, wenn man eine Antwort nicht genau, sondern nur schemenhaft kennt oder sich in einigen Details nicht zuhause fühlt. Auch wenn man nur eine »halbe«

Antwort kennt, z. B. einen Workaround, der schon einmal funktioniert hat, sollte man das offen schreiben. In keinem Fall ist es witzig, sich über Leute lustig zu machen, die vielleicht in einem üblen Projektstress stehen und einfach schnell eine funktionierende Lösung benötigen. Was man im »Face to face«-Kontakt nicht tun würde, sollte man besser auch in einem Forum nicht machen.

5.4 Kommunikation mit Projektleitern und anderen Stakeholdern

Wer sich bemüht, alle Stakeholder seines Projekts aufzulisten, wird mit großem Erstaunen feststellen, dass es sich dabei um eine erstaunliche Vielzahl an Personen handelt. Wörtlich übersetzt ist ein Stakeholder jemand, der einen Einsatz in einem Spiel hat (stake = Einsatz) und deshalb ein großes Interesse daran hat, wie das Spiel ausgeht – auch wenn er vielleicht gar nicht zur Gruppe der Spieler zählt. In einem Projekt zählen all jene Personen zu den Stakeholdern, die ein Interesse daran haben, welchen Verlauf und welches Ende ein Projekt nimmt, selbst wenn sie selbst gar nicht direkt beteiligt sind, wie beispielsweise die Personalabteilung oder die Gemeindepolitik.

Was ist ein Stakeholder?

Ein Stakeholder muss nicht eine einzelne Person sein, es kann sich dabei auch um eine Gruppe wie z. B. Zulieferer oder Berater handeln. Für Stakeholder gibt es keine genau zutreffende deutsche Bezeichnung, »interessierte Kreise« trifft es vielleicht am besten.

Wie man sich unschwer vorstellen kann, sollte die Kommunikation mit Stakeholdern wohlüberlegt sein. Es gibt Stakeholder, die viel Macht in einem und über ein Projekt haben, vielleicht sogar die Macht, dieses zu beenden oder aber es zu vergrößern bzw. zu verkleinern. Die Kommunikation mit diesen Machtgruppen muss anders verlaufen als die mit mehr oder weniger interessierten Beobachtern.

Stakeholder-Management

Nicht umsonst führen Unternehmensberatungen bei Großprojekten ein eigenes »Stakeholder-Management« ein. Dieses hat die Aufgabe, in einem offenen und ehrlichen Gesprächsstil die Motive und Vorhaben der Projektleitung verständlich zu machen. Dabei verläuft die Kommunikation keineswegs einseitig: Manche Stakeholder sind für bestimmte Auswirkungen eines Projekts besonders sensibilisiert. Sie sehen sehr genau, wo ein Projekt an Grenzen stoßen wird und welche Aktionen die Projektleitung besser unterlässt. Eine Marketingabteilung wird zum Beispiel schnell erkennen, welches Echo ein Projekt in der Presse erwartet, ein Betriebsrat wird Ratschläge geben können, wie man am besten mit sensiblen Personendaten verfährt. Gerade in Projekten, bei denen persönliche Daten verarbeitet werden, ist es fahrlässig, betroffene Bereiche wie die Personalabteilung oder den Betriebsrat nicht regelmäßig zu informieren.

Welche Stakeholder sind nun für ein Testteam entscheidend und müssen regelmäßig mit Informationen versorgt werden? Der wichtigste Ansprechpartner für ein Testteam ist zunächst die Projektleitung. Die Kommunikation kann formell über Statusberichte erfolgen, die den jeweiligen Stand der Ergebnisse widerspiegeln und je nach Firmenkultur meist wöchentlich oder zweiwöchentlich erfolgen.

Auch ein monatlicher oder quartalsweiser Statusbericht an das Management ist in manchen Unternehmen üblich. Daneben findet in jedem Projekt eine informelle Kommunikation über Meetings und Besprechungen statt. Zwei »Kommunikationsfallen« können dabei einem Testteam bzw. dem betroffenen Testmanager Probleme bereiten: zum einen, dass der Testmanager zu viele Informationen herausgibt, die die betreffenden Stakeholder nicht interessieren, zum anderen, dass der Testmanager Ankündigungen oder Schätzungen macht, die anschließend nicht eingehalten werden.

Stakeholder und Statusberichte

> **Aus der Praxis:**
> Im Umgang mit den Stakeholdern eines Projekts empfiehlt sich eine in jeder Hinsicht offene Kommunikation. Stakeholder, die sich hinters Licht geführt, unzureichend informiert oder übergangen fühlen, können ein Projekt schnell in Misskredit und das Projekt im »Worst Case« zu Fall bringen.
> Neben dem Management sind in fast jedem IT-Projekt auch Datenschutzbeauftragte, Betriebsräte und Arbeitnehmervertreter wichtige Interessengruppen, die man immer informieren und besser nicht vergessen sollte.

5.4.1 Wo man Mut und Nerven benötigt

Nur in einer idealen Projektwelt kommt es niemals zu Verzögerungen und Abweichungen vom Projektplan. Wenn während eines Projekts Druck aufkommt, lässt sich mancher Tester oder Testmanager zu Zusagen hinreißen, die er hinterher umso mehr bereut. Wenn dann noch Unvorhergesehenes dazukommt und z. B. ein wichtiger Mitarbeiter krank wird, geraten Zeitpläne schnell zu Makulatur.

Mancher Testmanager kommt dann auf die Idee, den Zeitverzug oder die fehlende Manpower mit dem Einsatz von möglichst viel neuem Personal (Freelancer oder Tester aus anderen Abteilungen) bekämpfen zu wollen. Erfahrungsgemäß funktioniert das nicht, ganz im Gegenteil: Die neuen Mitarbeiter müssen von den eingearbeiteten (unterbesetzten)

Testern angelernt werden, was den Zeitplan noch mehr durcheinanderbringt. Was in der Softwareentwicklung schon länger als »Brooks's Law« bekannt ist, gilt genauso für den Bereich des Softwaretests: »Adding manpower to a late software project makes it later« [Brooks 1995, S. 25].

So unangenehm es auch sein mag, es lohnt sich, aufkommende Probleme wie z.B. Zeitverzögerungen beim Management oder bei der Projektleitung möglichst sofort anzusprechen. Wenn ein Testmanager sieht, dass er in Zeitverzug kommt, sollte er dieses Wissen ohne Verzögerung weitergeben. Parolen wie »Das kriegen wir schon hin!« oder »Die fünfzig fehlenden Testfälle holen wir nächste Woche wieder rein ...« führen leider nur in den seltensten Fällen zum Erfolg.

Manchmal hilft nur Ehrlichkeit

Es erfordert Nerven und auch Mut, zuzugeben, dass man eine Zeitvorgabe nicht einhalten kann oder dass die eigenen Schätzungen danebenliegen, aber leider gibt es hier kein anderes Patentrezept als schonungslose Aufklärung.

> **Aus der Praxis:**
>
> Bei deutlichen Fehlschätzungen und Überschreitungen der Zeitpläne hilft dem Testteam oder dem Testmanager nur Folgendes:
>
> - ein offenes Bekenntnis, dass die Vorgaben nicht eingehalten werden können,
> - eine ernsthafte Entschuldigung,
> - eine neue Terminsetzung (die dann aber eingehalten werden muss – ein zweiter Verzug wird sicherlich nicht mehr verziehen),
> - eine Erklärung, warum es zu dem Verzug gekommen ist und warum er das nächste Mal nicht mehr passieren wird,
> - eine klare Kommunikation von Zwischenständen beim zweiten Versuch.

Möglicherweise findet man auch eine Kompromisslösung und kommt z.B. mit weniger Testfällen als geplant aus oder kann diese anders priorisieren. In einer offenen Kommunikationskultur sollten derartige Kompromisslösungen möglich sein.

5.4.2 Wie man Testteams »nach außen« darstellt

Zu den Aufgaben eines Testmanagers (zuweilen auch eines Testkoordinators oder Sprechers der Tester – der Einfachheit halber sprechen wir hier von Testmanager) gehört es auch, das Testteam nach außen darzustellen und in seiner Person zu repräsentieren. Wie jede andere Führungskraft auch nehmen Testmanager bisweilen an übergeordneten

Meetings teilt, auf denen sie die Leistungen und Ergebnisse »ihrer« Mannschaft darstellen müssen. Dabei kommt es natürlich auf das »Was« an, aber auch auf das »Wie«.

Zum »Was« gehört, dass der Testmanager sowohl sich selbst als auch sein Team gut und zutreffend darstellt.

Zu jedem wichtigeren Meeting gehört darum eine entsprechende Vorbereitung. Wer ist die Zielgruppe, vor der das Team präsentiert wird? Was interessiert die Zielgruppe und was interessiert sie nicht? Für wen könnten welche Informationen besonders wichtig sein? Zur Vorbereitung gehört auch, dass die richtige Darstellungsweise gewählt und die Raumtechnik vor einer Präsentation getestet wird. Gerade für jemanden, der Test und Qualität im Projekt darstellt und repräsentiert, ist es ziemlich peinlich, wenn er an der ungetesteten Saaltechnik oder einem ausgefallenen Beamer scheitert.

Wichtig: Die eigene Mannschaft gut verkaufen

Zur Repräsentation des Teams zählt neben der Darstellung der Leistungen auch ein offenes Benennen vorhandener Defizite und Schwachstellen. Trotz aller Offenheit muss ein Testmanager in der Lage sein, sich vor seine Leute zu stellen, und das Team beispielsweise gegen ungerechtfertigte Angriffe verteidigen.

Auch bei berechtigten Angriffen muss stets klar sein, dass der Testmanager eindeutig hinter seinem Team steht. Ein Verstecken hinter einzelnen Teammitgliedern ist ein eindeutiges »No-Go« und macht einen entsprechend schlechten Eindruck.

Reagieren bei Angriffen auf das Team

Zum »Wie« gehört die äußere Erscheinung, Kleidung, Stimme, Gestik, Körpersprache wie auch die Sicherheit im Auftreten und bei Präsentationen. Das ist selbstverständlich leichter gesagt als getan. Wo man sich in Kleidung und Sprache noch an seine Zielgruppe anpassen kann, wird das bei Gestik und Körpersprache schon schwieriger.

Je souveräner und sicherer eine Präsentation oder ein Vortrag »rüberkommen«, desto positiver wird der Inhalt wahrgenommen. Nun ist es nicht jedem gegeben, dauernd positiv und selbstsicher zu sein, und eine gewisse Aufgeregtheit vor wichtigen Besprechungen oder mit schwierigen Zeitgenossen ist durchaus normal. Ganze Seminarhäuser und Coaches leben davon, angehende Bewerber oder Führungskräfte für Präsentationen und Meetings zu trainieren. Machen Sie sich nicht verrückt, was die Stimme oder die Körpersprache angeht. Wenn Sie Ihre Inhalte souverän beherrschen, dann zeigt sich das auch in der entsprechenden Körpersprache.

Souveränität ist wichtiger als der Inhalt.

Etwas »Lampenfieber« ist keineswegs schädlich, es hilft vielmehr dabei, alle inneren Kräfte zu aktivieren und die Konzentration zu steigern. Wenn das Lampenfieber allerdings zu stark wird, droht die Gefahr eines »Blackouts«, d.h., man weiß von einem Moment auf den

Was tun bei Lampenfieber?

anderen nicht mehr weiter und verliert den Faden. Lampenfieber ist auch eine Frage der Übung und Gewöhnung. Mit zunehmender Erfahrung sinkt die Aufregung.

> **Wie man das Lampenfieber dämpfen kann:**
>
> Bereiten Sie sich möglichst gut vor. Dazu gehört, dass Sie genau wissen, was Sie wann sagen wollen. Achten Sie darauf, dass die Technik (PC, Beamer) funktioniert. Wenn die Präsentation sehr wichtig ist, können Sie eventuell vor Freunden oder Kollegen die Präsentation einmal zur Probe abhalten. Bedenken Sie auch mögliche Gegenargumente oder Einwände und was Sie darauf sagen wollen.
>
> Manchen Menschen hilft es, wenn Sie den ersten Satz oder die ersten beiden Sätze einer Präsentation auswendig lernen. Dann funktioniert auf alle Fälle der Anfang problemlos.
>
> Legen Sie sich einen roten Faden bereit, entweder ein Manuskript oder Karteikarten mit den wichtigsten Stichwörtern.
>
> Begrüßen Sie Ihr Publikum und bemühen Sie sich um eine entspannte äußere Haltung. Das wirkt souverän und hilft Ihnen dabei, innere Spannungen abzubauen.
>
> Entschuldigen Sie sich nicht, weder für Ihr Lampenfieber noch wenn Sie auf eine Frage keine Antwort wissen. Die Antwort: »Das kann ich Ihnen im Moment nicht sagen«, wirkt souveräner als ein unsicheres Herumdrucksen.
>
> Stellen Sie ein Glas Wasser auf das Rednerpult bzw. den Tisch vor sich. Bei Aufregung und längerem Reden trocknet die Kehle schneller aus als sonst.
>
> Passen Sie sich im Kleidungsstil möglichst Ihrem Zielpublikum an. Bekanntlich ist der erste Eindruck entscheidend. Wenn Sie zu leger auftreten, werden Sie als uninteressiert wahrgenommen (»Gammler«); treten Sie zu vornehm, geradezu »overdressed« auf, gelten Sie leicht als aalglatt (»Schmierenkomödiant«). Unbewusst nehmen Sie als Redner die damit verbundene Ablehnung wahr, was die Aufregung nur noch steigert.

Niemals das Publikum langweilen

Denken Sie bei Präsentationen und Reden an Martin Luthers Ratschlag für erfolgreiche Redner: »Tritt stark auf, mach's Maul auf, hör bald auf.«

Kommen Sie schnell zum Wesentlichen und langweilen Sie Ihr Publikum nicht. Besonders bei termingeplagten Führungskräften sollten Sie den Eindruck vermeiden, dass Sie nur deren Zeit verplempern. Spätestens wenn die ersten Zuhörer auf die Uhr sehen, wird es Zeit, zum Ende zu kommen.

6 Führungskompetenz: Der Testmanager als Teamchef

*Verantwortung ist immer konkret.
Sie hat einen Namen, eine Adresse und eine Hausnummer.*

Karl Jaspers

6.1 Was ist Führung?

Was ist überhaupt Führung? Was bringt Führung für einen Nutzen und für wen? Und was hat Führung mit Testen zu tun? Zweifellos ist Führungskompetenz ein Soft Skill, und zwar ein wichtiger. Führungskompetenz beinhaltet eine Reihe anderer Skills, so die Fähigkeiten zu delegieren, rational zu entscheiden, Zusammenhänge zu sehen und in solchen zu denken. Alle diese Skills dienen letztlich dazu, Menschen anzuleiten und auch zu kontrollieren. Nach einer Definition der Bundeszentrale für politische Bildung [bpb] bedeutet Führung »die Ausübung von Autorität, Macht und Herrschaft. Sie hat die Aufgabe, Orientierung zu schaffen, Koordinierungs-, Regel- und Steuerungsleistungen zu erbringen, zu kontrollieren und Verantwortungs- sowie Repräsentationspflichten zu übernehmen«.

Führung hat demnach mit der Lenkung von Menschen zu tun sowie mit der damit verbundenen Macht und Autorität, um das lenkende Eingreifen auch umsetzen zu können. Autorität wird aber nur jemandem verliehen, damit er mit dieser Autorität ein Ziel erreicht.

In der Wirtschaft ist zumindest das Ziel klar, nämlich der wirtschaftliche Erfolg: »Führung soll zum Erfolg des Unternehmens beitragen, sie nutzt dem Unternehmen. Erfolgreich ist ein Unternehmen, wenn es seine Ziele erreicht oder sogar übertrifft« [Nerdinger, Blickle & Schaper 2008, S. 82].

Autorität zur Zielerreichung

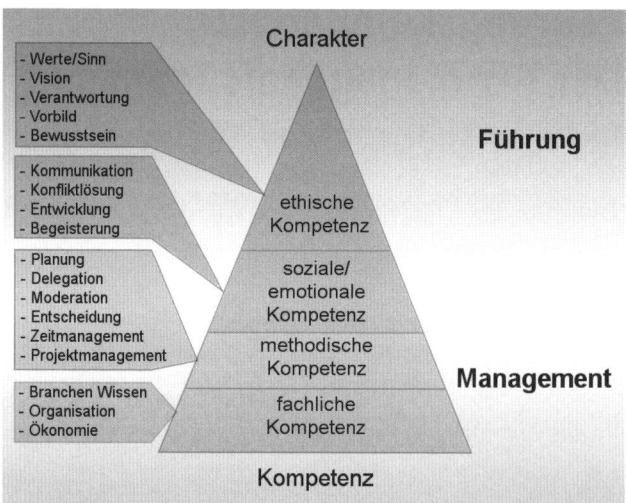

Abb. 6–1
Der Unterschied zwischen Führung und Management
(Quelle: bnw-akademie)

Führung und wirtschaftlicher Erfolg bedingen sich demnach vermeintlich. Insofern ist es nicht erstaunlich, dass Betriebswirtschaft und Arbeitspsychologie seit Langem intensiv nach wissenschaftlichen Erklärungen suchen, was gute Führung ausmacht. Dazu gehört auch die Frage, was einen guten Führungsstil und eine zum Führen geeignete Persönlichkeit auszeichnet.

Erfolg und Wirksamkeit des Führens hängen vom Grundsatz der Konzentration auf Weniges ab.

Fredmund Malik

6.1.1 Bringt wirklich die Persönlichkeit den Erfolg?

»Lange Zeit wurde allein in der Persönlichkeit des Führenden die Ursache des Erfolges gesucht« [Nerdinger, Blickle & Schaper 2008, S. 84]. Die Vorstellung, dass bestimmte besonders befähigte Persönlichkeiten einem Unternehmen den Erfolg durch ihre Führungsfähigkeiten bringen können, ist weit verbreitet. Nicht nur in der Wirtschaft, auch in der Geschichte oder im Sport findet sich regelmäßig der Gedanke, dass eine besondere Persönlichkeitsstruktur oder bestimmte Eigenschaften einen Menschen erfolgreich und zum geborenen Menschenführer machen. Nach heutigem Kenntnisstand ist es eine Mischung aus persönlicher Ausstrahlung und Überzeugungskraft, Mut und Beherrschung des Handwerks, was eine fähige Führungskraft ausmacht.

6.1.1.1 Was bewirkt Charisma?

Lange Zeit dachte man, dass eine schwer bestimmbare und definierbare Eigenschaft wie das persönliche »Charisma« (wörtlich übersetzt »göttliche Gnadengabe«) für die Führungsfähigkeit von besonderer Wichtigkeit sei. Der bekannte deutsche Soziologe Max Weber beispielsweise ging davon aus, dass Charisma in früheren Zeiten eine entscheidende Rolle spielte, dass aber die zunehmende Rationalisierung an den Unternehmen nicht vorbeigegangen sei und daher Charisma überflüssig gemacht habe. Doch das Charisma ist als Idee wieder auferstanden: »… heute atmet das Charisma – oder zumindest der Wunsch, die Führungskräfte mögen doch über so etwas verfügen – im Kapitalismus besser denn je. Die Ursachen dafür sind vielfältig: Gerade weil sich moderne Unternehmen wie von Max Weber vorausgesagt zu durchrationalisierten, lediglich an ›nackten‹ ökonomischen Kennziffern orientierten Unternehmen entwickelt haben, fällt es ihnen zunehmend schwerer, ihren Mitarbeitern den Sinn der Existenz des Unternehmens zu vermitteln. Das wird nicht zuletzt in der Krise problematisch, wenn von den Mitarbeitern ein ganz besonderer Einsatz für das Unternehmen gefordert wird« [Nerdinger, Blickle & Schaper 2008, S. 85].

Folgt daraus, dass die Idee des Charismas als Führungsinstrument neu auferstanden ist? Charisma kann eine nette Zutat sein, wenn eine Führungsperson die zentralen Managementtechniken gut beherrscht. Eine »condition sine qua non« zur Führung eines Testteams ist Charisma jedenfalls nicht.

6.1.1.2 Was erfolgreiche Führungspersonen auszeichnet

Nachdem Charisma aber schwer greifbar und für Unternehmen nicht berechenbar ist, versucht man gegenwärtig mit den Mitteln der Psychologie zu erforschen, was erfolgreiche Führungskräfte auszeichnet. Die Ergebnisse sind bislang nicht besonders spektakulär und gehen nicht wesentlich über das hinaus, was sich der »gesunde Menschenverstand« schon gedacht hatte. Ein sicherlich interessantes Teilergebnis ist allerdings, dass sich eine erfolgreiche Führungspersönlichkeit nicht zwangsläufig durch außerordentliche Intelligenz auszeichnen muss (sagen Sie jetzt nicht, dass Sie sich das immer schon gedacht haben …):

Eine metaanalytische Überprüfung von über 150 empirischen Untersuchungen des Zusammenhanges zwischen Führungserfolg und der Intelligenz des Führenden kommt zu dem Ergebnis, dass Intelligenz für den Erfolg einer Führungsperson eher zweitrangig ist. Andere Eigenschaften sind diesbezüglich offensichtlich wichtiger: »Demnach haben Extraversion und Gewissenhaftigkeit relativ deutliche, positive

Intelligenz wird häufig überschätzt.

Zusammenhänge mit dem Führungserfolg, die Eigenschaft ›Neurotizismus‹ hängt dagegen negativ mit dem Erfolg zusammen, d. h., Ängstlichkeit ist hinderlich für den Führungserfolg« [Nerdinger, Blickle & Schaper 2008, S. 85].

Ein gewisses Maß an Selbstbewusstsein und Furchtlosigkeit ist dem Führungserfolg demnach durchaus zuträglich.

Von Bedeutung für die Zufriedenheit der Mitarbeiter ist hingegen, wie weit sich eine Führungskraft auf die Mitarbeiter einlässt und diese ernst nimmt.

Die viel beschworene »Persönlichkeit« der Führungskraft ist dagegen eher zweitrangig und nur dann wirksam, wenn sie auch von den Mitarbeitern entsprechend wahrgenommen wird: »Die Persönlichkeit des Führenden und seine Eigenschaften haben zweifellos Einfluss auf den Führungserfolg, allerdings wirkt die Persönlichkeit gewöhnlich nicht direkt, sondern vermittelt über die Wahrnehmungen und Attributionen der Mitarbeiter« [Nerdinger, Blickle & Schaper 2008, S. 82].

6.1.1.3 Management als Handwerk

Der Wirtschaftsprofessor und Managementtheoretiker Fredmund Malik von der Universität St. Gallen verwehrt sich gegen die heute so beliebte Heroisierung des Führungspersonals: »Der Mythos des außergewöhnlichen Menschen, des Naturtalents mit besonderen Fähigkeiten und Eigenschaften ist weit verbreitet und hat offenkundig Faszination für Praxis und Lehre. Das ist der Sache selbst keineswegs nützlich« [Malik 2006, S. 60].

Nach Malik hat Führen eher mit allgemeiner »Lebenstüchtigkeit« [Malik 2006, S. 20] zu tun, wobei überflüssiges Gelehrtenwissen eher schadet: »Wissen für sich genommen hat wenig Bedeutung, solange es nicht genutzt wird, um Resultate zu produzieren. Management ist nicht Wissen allein, auch nicht dessen Produktion oder Weitergabe, sondern Management ist die Transformation von Wissen in Ergebnisse« [Malik 2006, S. 26]. Das Know-how eines Managers ist demnach nur insoweit von Nutzen, als sich dieses Wissen auch ergebnisorientiert umsetzen lässt.

Abb. 6–2
Nach Malik hat ein Manager grundlegende Aufgaben und dafür einige Werkzeuge zur Verfügung.
(Quelle: bnw-akademie)

Für Malik ist Management eine Fertigkeit, die wie andere Fertigkeiten auch schlicht erlernt und im Anschluss geübt werden muss.

»Management muss genauso erlernt werden wie jeder andere Beruf, wie eine Fremdsprache oder eine Sportart. Management ist nicht leichter oder einfacher, und daher muss es geübt werden« [Malik 2006, S. 61].

Führung kann und muss man lernen

Nach Maliks Verständnis gibt es zwar Menschen, die mehr oder weniger Talent für das Erlernen und Ausführen von Managementaufgaben haben, aber das ist z.B. bei einer Fremdsprache auch nicht anders. Für den österreichischen Wirtschaftswissenschaftler gibt es auch nur eine Möglichkeit, den Erfolg einer Führungskraft zu messen, nämlich das Ergebnis für das Unternehmen. Das Topmanagement gibt Strategien und Ziele vor, die das nachgelagerte Management dann durchführen und durchsetzen soll.

Dafür benötigt die Führungskraft nach Malik weder Charisma noch eine besondere Persönlichkeit noch besondere Talente, sondern sie muss schlicht das Handwerkszeug des Führens erlernt und nach Möglichkeit auch geübt haben. Diese Sichtweise mag sehr nüchtern klingen, hat aber den Vorteil, dass sie ohne schwer greifbare und messbare Heroisierungen und Mystifizierungen auskommt. Schließlich macht diese Sichtweise auch Mut: Wer Führungskraft sein will, ist nicht auf undefinierbare Gnadengeschenke bzw. ein angeborenes Talent angewiesen, sondern allein auf sein eigenes Können, seine Motivation und auf die Fähigkeit, mit Menschen umzugehen.

Führen ist Handwerk.

6.1.2 Der Testmanager als Führungskraft: Aufgaben und Herausforderungen

Im Grunde unterscheiden sich Testmanager von ihrem Aufgabenspektrum her kaum von den Projektleitern einer Entwicklergruppe. Normalerweise wird das Testteam etwas weniger Personen und Budget aufweisen als die zugehörige Entwicklergruppe, aber das ist nach Unternehmen und Qualitätsanspruch sehr unterschiedlich geregelt. Testmanager gehören in Unternehmen aller Art dem mittleren Management an und befinden sich auf einer Ebene mit Team- und Gruppenleitern.

Ein Testmanager hat es als Teamleiter mit einer Gruppe von Testern zu tun. In manchen Unternehmen gibt es Testabteilungen oder »Test Factories«, in denen ein Testmanager für mehrere Testteams zuständig ist; dies ist jedoch eher die Ausnahme als die Regel.

Testmanagement ist Projektmanagement.

Die wesentlichen Aufgaben des Leiters eines Testteams sind typische Projektmanagementaufgaben:

- Fachliche Führung und Koordination eines Teams von Testern
- Personelle und disziplinarische Führung des Testteams
- Ökonomische und inhaltliche Steuerung externer Testteams bzw. Zulieferer
- Erstellung von Testkonzepten, Festlegung von Testend-, Testabbruch- und Wiederaufnahmekriterien
- Festlegung, Steuerung und Durchführung der einzelnen Testphasen
- Beratung bzw. Entscheidung in Sachen Testautomation
- Erstellung von Testplänen in Absprache mit der Projektleitung
- Manchmal: Verwaltung des Testbudgets
- Steigerung der Teamleistung
- Steigerung des Automatisierungsgrades
- Erstellung von regelmäßigen Reportings zu erreichtem Qualitätsstand, Testtiefe, Testabdeckung, erreichten Meilensteinen und Budget
- Initiativen zur Verbesserung des Testprozesses

Die Liste ist keineswegs erschöpfend, sollte aber zeigen, wie viele verschiedene Aufgaben ein Testmanager zu bewältigen hat. Über welche Skills und Soft Skills sollte ein Testmanager nun verfügen, um diese Aufgaben zu bewältigen? Hier unterscheiden sich seine Skills nicht von denen eines Teamleiters/Projektleiters Test im Entwicklungsbereich:

- Testressourcen sinnvoll und flexibel einsetzen
- Die Unterschiedlichkeit von Testern verstehen und diese entsprechend für unterschiedliche Aufgaben einsetzen

- Fähigkeit, ein Projekt aus der »Vogelperspektive« zu betrachten, ohne deshalb die Details zu vergessen
- Strukturen der Firmenpolitik erkennen und nutzen
- Fähigkeit, Verantwortung zu übernehmen und zu delegieren
- Fähigkeit, klare Entscheidungen zu treffen
- Fähigkeit, Mitarbeiter zu motivieren
- Engagement
- Durchsetzungsfähigkeit und Konsequenz
- Entwicklung von effektiven Arbeits- und Testplänen
- Verantwortungsvolle Verwaltung des festgelegten Budgets

Testmanager stehen in der Pflicht, mit ihrem Team belastbare Ergebnisse abzuliefern, was manchmal auch als »Wirksamkeit« bezeichnet wird. Wer zum Thema »Aufgabenbereich und Tätigkeiten eines Testmanagers« weiterführende Informationen sucht, sei auf die Weiterbildungsangebote und Webseiten des ISTQB verwiesen. Das »International Software Testing Qualifications Board« (ISTQB) stellt ein standardisiertes Ausbildungsprogramm für Entwickler, Tester und Testmanager in mittlerweile 42 Ländern zur Verfügung. Nach einer Zertifizierung in den Testgrundlagen (»Foundation Level«) kann das erworbene Wissen in verschiedenen »Advanced«-Levels vertieft und zertifiziert werden. Viele Unternehmen verlangen von ihren Testmanagern (besonders von externen) eine Zertifizierung nach ISTQB. Im ISTQB-Syllabus zur Zertifizierung zum Testmanager findet sich eine detaillierte Beschreibung von dessen Aufgaben und Kompetenzen.

Wirksamkeit des Testmanagers

Wirksamkeit meint, seine Tätigkeit an den Ergebnissen auszurichten und zu messen. Testmanager tragen die Verantwortung für die Wirksamkeit, und zwar nach zwei Seiten: einmal gegenüber dem Auftraggeber, der bezahlt und berechtigterweise Resultate sehen will, auf der anderen Seite aber auch gegenüber dem eigenen Team. Teammitglieder haben ein feines Gespür dafür, ob ihr »Chef« verantwortlich zu ihnen steht, auch wenn Stress aufkommt, und ob er sich vor seine Mannschaft stellt, wenn es denn nötig wird. Nach Malik kann sich nur der mit Berechtigung »Manager« nennen, der auch bereit ist, die nötige Verantwortung auf sich zu nehmen.

Verantwortung des Testmanagers

Führung und Verantwortung hängen miteinander zusammen, sind zwei Seiten derselben Medaille, denn »wer nicht zu seiner Verantwortung steht, ist kein Manager, auch dann nicht, wenn er in die höchsten Positionen der Gesellschaft gelangen sollte – und er wird nie ein Leader sein können. Er ist ein Karrierist« [Malik 2006, S. 73].

Neben dem Stehen zur eigenen Verantwortung liegt eine wesentliche Führungsaufgabe des Testmanagers darin, die Tester seines Teams an der passenden Stelle richtig einsetzen. Bei manchen Testern ergibt sich der Einsatz aus der vorherrschenden Interessenlage quasi von selbst. So wird ein Tester mit Hang zum Programmieren und Skripte-Schreiben am besten in der Testautomation aufgehoben sein. Und wer gerne mit komplexen Tools umgeht, wird sich im Bereich Last- und Performancetests am wohlsten fühlen.

Einsatz der Tester

Hierbei geht es nicht allein darum, dass sich der beteiligte Tester wohlfühlt, sondern in erster Linie spielt es eine Rolle, an welcher Stelle der Tester wahrscheinlich die besten Ergebnisse abliefern wird. Nach Malik lösen sich alle Fragen nach Motivation und Demotivation ohnehin in Wohlgefallen auf, wenn ein Mitarbeiter dort eingesetzt wird, wo seine Stärken liegen und er die eigene Leistung als gut einschätzt: »Die Motivationsprobleme verschwinden ganz einfach. Man braucht nämlich niemanden zu motivieren, dort gut zu sein, wo er gut ist, wo er eben seine Stärken hat« [Malik 2006, S. 125].

Dazu gehört auch ein gewisses Maß an Vertrauen, dass der Job von diesem Mitarbeiter gut bewältigt wird. Wenn der Testmanager nach einigen Tagen oder Wochen sieht, dass der Mitarbeiter seine Arbeit vernünftig erledigt, baut sich gegenseitiges Vertrauen auf. Das trägt nicht nur zu einer merklichen Verbesserung des Betriebsklimas bei, sondern spart auch schlicht Zeit. Wenn der Testmanager sicher sein darf, dass seine Tester einen guten Job abliefern, kann sich die Überprüfung der Ergebnisse auf einige Stichproben beschränken. Auch die Mitarbeiter nehmen selbstverständlich wahr, dass ihnen Vertrauen entgegengebracht wird, was normalerweise zu selbstbestimmtem Handeln führt. Im Klartext: Mitarbeiter, denen Vertrauen entgegengebracht wird, strengen sich mehr an und sind im Ernstfall zu Höchstleistungen fähig. Autoren wie Bernhard Rogg oder Reinhard Sprenger sehen Vertrauen sogar als ein zentrales Führungsinstrument.

Führung durch Vertrauen

Vertrauen muss auf beiden Seiten wachsen – sowohl auf Seiten des Testmanagers als auch auf Seiten der Tester. Damit die Mitarbeiter Vertrauen aufbauen können, müssen sie nicht zuletzt davon überzeugt sein, dass die Führungskraft/der Testmanager auch Rückgrat zeigen kann und in schwierigen Situationen nicht sofort einknickt. Der Testmanager sollte in der Lage sein, zu seiner Meinung zu stehen und das, was er als richtig erkannt hat, auch durchzusetzen: »Man braucht Führungskräfte, die in schwierigen Situationen nicht nur die oben erwähnte Frage stellen: ›Was soll ich tun?‹, sondern die viel wichtigere und schwierigere Frage: ›Was wäre richtig – in dieser Situation?‹« [Malik 2006, S. 81].

Mit dem »Nicht-Einknicken« geht die bereits angesprochene Fähigkeit zur Konfliktbereitschaft und -bewältigung einher. Ein Testmanager, der nicht in der Lage ist, einen Konflikt mit seinen eigenen

Mitarbeitern, der Projektleitung oder dem Management durchzustehen, wird schnell seinen Vertrauensvorsprung verlieren. Oder, wie Winfried Berner es sehr prägnant ausdrückt: »Wer führen will, muss akzeptieren, dass diese Rolle auch mit der Bewältigung von Konflikten zu tun hat. Wer dies nicht will, sollte es besser ganz lassen.«

Zur Konfliktfähigkeit gehört neben anderen die überaus wichtige Eigenschaft, auch einmal »Nein« sagen zu können – und zwar immer dann, wenn die Projektleitung oder das Management versucht, einen Tester, den Testmanager oder das Testteam zu sehr mit Aufgaben zu überfrachten, die ursprünglich so nicht eingeplant waren. Tatsächlich kommt es in der Praxis häufig vor, dass ein ehemals vernünftig geplantes Projekt mehr und mehr mit neuen Aufgaben überhäuft wird. Dafür gibt es vielfältige Gründe wie geänderte oder stark ergänzte Requirements, Änderungen in der Softwarearchitektur, Technologiewechsel o. Ä. Das Ergebnis ist jedenfalls, dass das Testteam ebenso wie das Projektteam den Arbeitsanfall in der vorgesehenen Zeit nicht mehr bewältigen kann.

Führung und Konfliktfähigkeit

Wer sich als Projektleiter oder Testmanager an dieser Stelle zu früh überreden lässt oder übersieht, wie sich das Projekt »unter der Hand« immer mehr aufbläst, tut weder sich noch seinem Team einen Gefallen: »Wer sich da am Anfang überladen lässt, sei es, weil er nicht aufgepasst hat oder weil ihm das Zutrauen des Auftraggebers schmeichelte, bekommt später die Quittung dafür: im günstigsten Fall durch ein stressreiches Projekt mit mancherlei Krisen und Beinahe-Katastrophen, im ungünstigsten durch einen Fehlschlag mit negativen Folgen für die weitere Karriere oder die weitere Beauftragung« [Berner].

Als Testmanager nicht zu viele Aufgaben übernehmen

Projekte haben die grundsätzliche Tendenz, im Laufe der Zeit immer umfangreicher zu werden, ohne dass deswegen gleichzeitig mehr Zeit oder Budget zur Verfügung gestellt würde. Hier ist es die Aufgabe und Verpflichtung einer Führungskraft, lieber früher zu protestieren, als in einer der späteren heißen Projektphasen mit Mann und Maus unterzugehen.

Wer neben Rückgrat auch noch die anderen Anforderungen an Führungskräfte abdeckt, wer also klare Ansagen machen und Ziele definieren kann, wer seinen Mitarbeitern mit Respekt und Wertschätzung gegenübertritt und zur Not auch einem Konflikt nicht aus dem Weg geht, der wird an seiner Tätigkeit als Führungskraft Spaß haben und auf die Dauer an den Herausforderungen wachsen. Wer hingegen Menschen nicht mag und möglichst wenig mit ihnen zu tun haben will oder seinen Job als Führungskraft nur als Mittel zum Zweck, als reines Vehikel zu größerem Einfluss oder mehr Geld sieht, der sollte sich überlegen, ob er als Führungskraft effektiv wirken kann oder damit nur sich und andere schädigt.

6.2 Teambildung und Teamentwicklung

Was ist eigentlich ein Team? Brauchbar und praxisorientiert erscheint die Definition von Susan Heathfield: »A team is any group of people organized to work together interdependently and cooperatively to meet the needs of their customers by accomplishing a purpose and goals. Teams are created for both long term and short term interaction« [Heathfield].

Die Definition besagt, dass ein Team eine Gruppe von Menschen ist, die für einen begrenzten Zeitraum zusammenarbeiten (im Falle einer langfristigen Zusammenarbeit wäre es eine Abteilung).

> **Aus der Praxis:**
>
> Tester und Testmanager sind – wen wundert's? – in den allermeisten Fällen in einem Team, dem Testteam, aktiv. Dort besteht ihre Aufgabe darin, Testfälle und Testskripts zu erstellen, Tests durchzuführen und Fehler aufzudecken. Das ist aber nicht alles.
>   Tester und Testmanager sind vielfach nicht nur im Testteam, sondern oft auch noch in anderen Teams aktiv: beispielsweise in einem Team, das die Aufgabe hat, einen bestehenden Testprozess zu verbessern, oder in einem Team, das die Qualitätsprozesse straffen und beschleunigen soll. Darum bezieht sich der folgende Text auf Teams im Allgemeinen, nicht nur auf Testteams.

6.2.1 Teamarbeit: Muss das sein?

Was ein Team auf Dauer zusammenhält, ist eine gemeinsame Zielsetzung. Ein Team wird gewöhnlich gebildet, damit ein bestimmtes (Unternehmens-)Ziel erreicht wird. Während bei einer Arbeitsgruppe die Mitglieder autonom handeln, zeichnet sich das Team eben dadurch aus, dass nicht jeder einzeln, sondern das Team – geführt und moderiert vom Teamleiter – als Ganzes autonom handelt. Umso wichtiger ist es daher, dass die Teammitglieder einander in ihren Fähigkeiten und Erfahrungen ergänzen.

Bündelung von Fachkompetenzen

Durch die Bündelung der unterschiedlichen Fachkompetenzen kann ein Team deutlich innovativer und kreativer sein als eine reine Arbeitsgruppe – vorausgesetzt es gelingt der Teamleitung, aus einer Gruppe von »Einzelkämpfern« ein effektives Team zu schmieden.

6.2 Teambildung und Teamentwicklung

Nur eine abgestimmte und schriftlich formulierte Zielsetzung zeigt dem Team genau, in welche Richtung es gehen soll. Eindeutige Zielsetzungen machen die Arbeit eines Teams messbar und kalkulierbar. Zwischenziele helfen dem Team dabei, sich über den zu erreichenden Weg klarzuwerden. Wie bei allen Zielvereinbarungen soll auch die Zielvereinbarung für ein Team realistisch und terminiert sein. Nur wenn klar ist, welches Ziel zu welchem Datum erreicht sein soll, kann ein Team auch wirklich produktiv werden.

Zielvereinbarungen

Hier wird ein wesentlicher Nachteil jeder Teamarbeit sichtbar: Gute Einzelleistungen gehen in die Gruppe ein und, wenn man so will, auch in der Gruppe unter. Wer viel Ehrgeiz entwickelt und speziell seine eigene Leistung gewürdigt sehen will, wird in einem Team nicht glücklich werden. Damit ist verständlich, warum sich Teamarbeit für Menschen mit starkem Ego und ausgeprägtem Dominanzstreben nicht eignet.

Vor- und Nachteile der Teamarbeit

Vorteile der Teamarbeit
- Teams können mehr Informationen behalten und verarbeiten als Einzelpersonen.
- Geteiltes Wissen, daher effiziente Arbeitsteilung
- Bessere Möglichkeiten als der Einzelne, Fehler zu korrigieren
- Motivationsgewinn

Nachteile der Teamarbeit
- Groupthink (der Einzelne ordnet seine Meinung der Mehrheit unter), daher Abschottung der Gruppe von wichtigen Informationen und Alternativkonzepten
- Motivationsverluste durch sozialen Müßiggang, soziale Ängste, Trittbrettfahren, Leistungsverweigerung aus Protest gegen die Trittbrettfahrer

---

Wie aus den Vor- und Nachteilen der Teamarbeit hervorgeht, ist Teamarbeit ein Organisationsinstrument, das sich nicht für jeden eignet.

Den hohe Koordinationsaufwand und den jedem Team innewohnenden »Zwang zur Harmonie« schätzt nicht jeder. Aber jeder, der im Softwaretest arbeitet, muss sich darüber im Klaren sein, dass für ihn/sie an der Teamarbeit in der Praxis kein Weg vorbeiführt.

Teamarbeit taugt nicht für jedes Problem.

6.2.2 Teamrollen

Mit dem Begriff der »Teamrolle« kann sowohl eine fachliche (Testmanager, Testdesigner, Testautomatisierer, Testadministrator, Tester) wie auch eine soziale Rolle gemeint sein.

In den 70er- und 80er-Jahren des vorigen Jahrhunderts war die Untersuchung der sozialen Teamrollen und ihrer Auswirkungen auf die Zufriedenheit und Effizenz von Teams groß in Mode. Wesentlich dafür verantwortlich waren die Untersuchungen des englischen Psychologen und Managementtheoretikers Meredith Belbin (*1926). Er untersuchte, wie sich unterschiedliche Persönlichkeitstypen auf die Leistungsfähigkeit eines Teams auswirken. In seinem Buch »Management Teams« (1981) identifizierte er neun Teamrollen mit ihren Stärken und Schwächen und identifizierte dabei u.a. den »Macher«, der sich dynamisch durchsetzt, aber auch zur Provokation neigt, oder den Perfektionisten, der Ergebnisse sicherstellt und gewissenhaft arbeitet, jedoch auch zu Überängstlichkeit neigt und sich und andere ausbremst. Hier die neun Teamrollen nach Belbin:

- Neuerer/Erfinder
- Wegbereiter
- Koordinator
- Macher
- Beobachter
- Teamarbeiter
- Umsetzer
- Perfektionist
- Spezialist

Nach Belbin sind Teams besonders dann erfolgreich, wenn alle neun Rollen in einem Team vertreten sind, wobei das Fehlen einer Rolle keine großen Auswirkungen zeigt. Als besonders ineffektiv sah Belbin solche Teams, die von einer oder zwei Rollen beherrscht werden. So ist nach Belbin ein Team, das nur aus Spezialisten besteht, weitgehend ineffektiv, da die Spezialisten sich gegenseitig behindern und in endlosen Diskussionen ergehen werden. Belbin meinte aufgrund von Tests vorhersagen zu können, welche Teamrolle jemand in einem Team einnehmen bzw. welche Rolle bei ihm/ihr dominant sein wird.

Belbins Klassifizierung der Teamrollen ist in letzter Zeit etwas aus der Mode gekommen. Nachdem das ISTQB die Teamrollen nach Belbin ursprünglich in seinen Lernstoff für Testmanager integriert hatte, ist im »Certified Tester Expert Level Syllabus Test Management (Managing Testing, Testers, and Test Stakeholders) 2011« (*www.istqb.org*) von sozialen Teamrollen keine Rede mehr.

6.2.3 Was ist Teamfähigkeit?

Die viel zitierte »Teamfähigkeit« ist ein für Tester unverzichtbarer Soft Skill. Tester arbeiten meist in einem Gruppenverband und nur höchst selten als »Einzelkämpfer«.

Teamfähig zu sein bedeutet, mit anderen in einer Gruppe zusammen produktiv und zielgerichtet eine Aufgabe zu übernehmen und gemeinsam ein Ziel zu verfolgen. Zur Teamfähigkeit gehört auch der Wille, Konflikte, die im Team oder mit der Welt außerhalb des Teams auftreten, gemeinsam konstruktiv zu lösen. Dies bedeutet, dass man in keinem Team ohne die Fähigkeit, Kompromisse einzugehen, auskommen wird. Wer seine Meinung oder seinen Standpunkt unbedingt durchsetzen will, wird bei der Teamarbeit schnell an Grenzen stoßen.

Was ist Teamfähigkeit?

Wie das Teamleben bzw. der Teamzusammenhalt gelebt wird, handhaben Unternehmen sehr unterschiedlich. Bei manchen gehört es zum Teamgeist, dass man auch privat etwas gemeinsam unternimmt, bei anderen genügt die gute Zusammenarbeit am Arbeitsplatz.

Ein Testteam zeichnet sich wie jedes andere Team dadurch aus, dass jeder die Fähigkeiten einbringt, die er am besten beherrscht. Auf diese Weise kann ein Team mit dem entsprechenden Teamgeist komplexe Aufgaben bewältigen, die eine Gruppe von Einzelkämpfern nicht lösen könnte. Das erfordert vom einzelnen Teammitglied Kooperationsfähigkeit, Integrationsbereitschaft und auch ein Sich-Einlassen auf den Geist und Zusammenhalt eines Teams. Trotzdem bedeutet die Arbeit in einem Team kein »Sich-Verbiegen«, keine Anpassung um jeden Preis.

Gerade die Zusammenarbeit von Individuen mit verschiedenem Kenntnisstand und unterschiedlichen Erfahrungshintergründen machen die Teamarbeit wertvoll und kreativ. Teamfähigkeit heißt Austausch, heißt Anerkennung anderer Meinungen, ohne den eigenen Standpunkt aufzugeben. Sehr prägnant hat das der ehemalige Manager und heute als Unternehmensberater tätige Berd-Wolfgang Lubbers ausgedrückt:

Nicht verbiegen lassen im Team!

»Das intelligente Teammitglied hingegen stilisiert nicht seine eigene Lebensform zum Maß aller Dinge, es erwartet nicht, dass alle anderen Menschen so sein und denken wie es selbst« [Lubbers 2005, S. 62].

Andere Meinungen gelten lassen und trotzdem eine eigene Meinung haben, das macht »Teamfähigkeit« aus und die Arbeit in einem Team erst interessant.

6.2.4 Wie Teams sich selbst entwickeln

Testteams sind keine starren Gebilde wie Spieluhren, die man einmal aufzieht und dann wie am Schnürchen funktionieren. Wie jedes andere Team entwickelt sich auch ein Testteam erst im Laufe der Zeit.

Die Entwicklungsphasen eines Teams

Die Beurteilung der Teamentwicklung nach Tuckman (Forming, Storming, Norming, Performing) hat sich bewährt und ist heute noch sehr gebräuchlich (für eine genauere Beschreibung siehe Anhang A.4). Tuckmans Phasenmodell der Teamentwicklung zeigt, dass ein Team nicht von Anfang an mit voller Kraft arbeiten und Leistung erbringen wird. Ein Team muss sich erst finden, jedes einzelne Mitglied muss seinen Platz finden und sich von den anderen Teammitgliedern abgrenzen. Diese »Storming-Phase« ist für die spätere – hoffentlich ungestörte – Zusammenarbeit enorm wichtig. In dieser Phase sind gelegentliche Krisen und Konflikte zwischen den Teammitgliedern normal und kein Grund zur Besorgnis für das Test- oder Projektmanagement. Die Teammitglieder müssen sich finden, jedes einzelne muss sich seinen Platz im Team erobern. Es gibt zwar Teams, die ganz ohne Storming auskommen, aber das ist eher ein Alarmsignal und zeigt, dass keine wirkliche Teambildung stattfindet. Wenn die Storming-Phase erfolgreich beendet ist, kennt jedes Teammitglied seine Position im Team, seinen Aufgabenbereich und seine wichtigsten Ansprechpartner.

Das Team tritt dann in die Norming-Phase ein, in der grundlegende Projektregeln und solche für den Umgang des Teams untereinander ausgehandelt und festgelegt werden. Das Norming betrifft Bereiche wie Kommunikationsregeln, regelmäßige Meetings, Statusmeldungen und -berichte als auch bestimmte »Teamrituale« wie gemeinsames Mittagessen oder ein gemeinsamer Abend pro Woche.

In der anschließenden Performing-Phase hat das Team seine produktivste Phase erreicht. Es gibt wenig oder kaum noch Reibungspunkte im täglichen Ablauf, das Team ist voll auf seine Aufgabe konzentriert und erarbeitet kreative und weiterführende Lösungen. Das Team hat nun den Punkt der höchste Kreativität und Effektivität erreicht, Teamstolz und ein deutlich greifbares »Wir-Gefühl« stellen sich ein.

Performing: Die produktivste Phase des Teams

Jedes Management und jeder Testmanager hat natürlich das Bestreben, dass die Performing-Phase möglichst lange anhalten möge. Aber auch gut performende Teams unterliegen auf Dauer einem gewissen Alterungsprozess, wie die Organisationspsychologie festgestellt hat: »Zum Beispiel dauert es bei Projektgruppen im Unternehmensbereich ›Forschung und Entwicklung‹ im Durchschnitt drei Jahre, bis sie die höchste Leistung entfalten. Danach fällt die Leistung stark ab: Die Gruppen haben relativ starke Normen entwickelt, bestrafen Abweichungen von ihren Normen immer massiver und sind nicht mehr offen für Argumente von außen« [Nerdinger, Blickle & Schaper 2008, S. 97].

Wenn der Punkt erreicht ist, an dem das Team an Effizienz und Kreativität stark einbüßt, kann die Auflösung des Teams die beste Lösung sein. Teams sind – wie gesagt – nicht für die Ewigkeit konzipiert und ein Team, das seinen Zenit überschritten hat, wird höchstwahrscheinlich nie mehr zu seiner alten Leistungsfähigkeit zurückfinden.

Das Team tritt jetzt in die Adjourning-Phase ein, der Phasenzyklus der Teamentwicklung ist damit beendet.

Wenn der Zenit des Teams überschritten ist

> **Aus der Praxis:**
>
> Testteams werden häufig sehr kurzfristig zusammengestellt. Für die Storming- und Norming-Phasen bleibt meist nicht die Zeit, die man dafür eigentlich einräumen müsste. Wie ich aus eigener Erfahrung weiß, hat man im Projekt selten die Gelegenheit, ein »Dream-Team« aus Testern nach seinen Vorstellungen zu bilden, man muss vielmehr die vorhandenen Tester zu einem funktionierenden Team zusammenführen. Dabei kann es vorkommen, dass ein Tester wirklich nicht in ein Team passt oder sich nicht einpassen will. Erfahrungsgemäß ist es wenig zielführend, jemanden »auf Teufel komm raus« in ein Team eingliedern zu wollen. Interventionen bei der Projektleitung oder beim Management helfen dann ebenso wenig. Im Gegenteil, es besteht die Gefahr, dass man sich outet als ein Testmanager, der seinen Laden nicht in den Griff bekommt. Ich habe immer versucht, für einen »teaminkompatiblen« Tester eine Sonderaufgabe zu finden, in der er effektiv tätig sein und dem Team zuarbeiten konnte, ohne dabei das Team zu behindern.
>
> Die meisten Tester haben Erfahrung darin, sich in wechselnde Teams zu einzuarbeiten und schnell auf neue Kollegen einzustellen. Sie kommen daher mit sehr kurzen Storming- und Norming-Phasen meistens ganz gut zurecht.
>
> In der Phase des Stormings ist der Testmanager/Teamleiter ganz besonders gefordert: Er muss aufpassen, dass nicht aus lauter Hektik und Chaos jedes Teamgefühl auf der Strecke bleibt und sich ein resigniertes Groupthink breitmacht. Wenn diese Hürde genommen ist, kann aus einer Gruppe von Individuen tatsächlich ein »verschworener Haufen« werden.

6.2.5 Spitzenteams – gibt's die?

Spitzenteam klingt immer gut. Führungskräfte und Manager sehnen sich nach dem einzigartigen Team, das besser performt als alle anderen, das Spitzenleistungen zu normalen Preisen erbringt. Manche Seminaranbieter und Buchautoren erweckten und erwecken immer noch den Eindruck, als sei es nur eine Frage des Know-how, einiger

Tools und kleiner Kniffe, um aus gewöhnlichen Arbeitsgruppen Spitzenteams zu formen und diese dann dauerhaft an der Spitze zu halten – als gebe es für das Management einen methodischen Zauberstab, mit dem sich Spitzenteams beliebig erschaffen lassen. Offenbar treffen beim diesem Thema zwei unterschiedliche Denkhaltungen aufeinander: Die eine geht davon ausgeht, dass Spitzenteams sich formen lassen, wenn man nur den richtigen Zauberstab besitzt. Als Beispiel sei hier Bernd-Wolfgang Lubbers zitiert:

»Ein gutes und erfolgreiches Team ist innerhalb der Dimension ›Team‹ erfolgreich. Das intelligente Team hingegen überschreitet die Grenzen, die durch die Aufgabe ›Teamarbeit‹ gesetzt werden, und stößt in die übergeordnete Dimension vor. Es weiß, dass es stets dem ›nächsthöheren Ganzen‹ verpflichtet ist. Und: Es betrachtet immer die Gegenwart und die Herausforderungen, die in der Zukunft liegen« [Lubbers 2005, S. 23].

Andere Autoren wie zum Beispiel Fredmund Malik sehen dagegen keine »übergeordnete Dimension« und stellen nüchtern fest:

»Und das ist der Kern des Paradoxons des heutigen Managements – oder, weniger bombastisch formuliert, das ist der Grund dafür, dass es überhaupt Management braucht: Verfügbar – zumindest in genügend großer Zahl – haben wir nur gewöhnliche Menschen; verlangt wird aber vom Kunden und aufgrund der Konkurrenz die außergewöhnliche Leistung« [Malik 2006, S. 36].

Damit dürfte Malik das Grundproblem der Formung von Spitzenteams angesprochen haben: Wir arbeiten mit normalen Menschen, aus denen wie durch ein Wunder plötzlich Spitzenteams entstehen sollen. Aber wenn es schon keinen Zauberstab dafür gibt, so doch bewährte und vernünftige Managementmethoden, die Teams effektiv werden lassen und dabei helfen, den Output eines Teams zu optimieren.

Konzentration auf das Wesentliche

Das erste und sicherlich wichtigste Prinzip eines effektiven Teammanagements heißt Konzentration auf das Wesentliche. Das klingt auf den ersten Blick selbstverständlich, ist es aber nicht. In jedem Team gibt es zahlreiche Ablenkungen, vom wöchentlichen Abteilungsmeeting bis zum Englischkurs. Wenn ein Team in einem engen Zeitplan effektiv arbeiten soll, müssen die Teammitglieder von den Zumutungen ihrer Abteilung weitgehend verschont werden. Wenn dauernd Leute abgezogen und für andere, angeblich ungeheuer wichtige Aufgaben abgezogen (»nur ganz schnell ...«) werden, ist das für die Konzentration und Zusammenarbeit des Teams verheerend. Das gilt ganz besonders für Testteams. Wie bereits erwähnt, haben Testteams grundsätzlich wenig Zeit, auch für die Teamformierung. Umso wichtiger ist es daher, dass sich das Testteam voll und ganz auf seine Aufgaben konzentrieren kann. Auch für die Teammitglieder ist es wichtig, dass ihnen der Eindruck vermittelt wird, die Arbeit in gerade diesem Team sei wichtig. Zur Konzentration auf das Wesentliche gehört auch, dass das Ziel eindeutig, messbar, herausfordernd und nicht diskutierbar ist. Praktiker wie der Informatikleiter Bernhard Wieser halten die Konzentration aufs Wesentliche für ein zentrales Merkmal guter Teams: »High-Performance-Teams sind kompromisslose Teams. Kompromisslos in ihrer Vision und in ihrer Personalauswahl. Klar definierte Rollen und Rollenerwartungen sowie Arbeitsprozesse sorgen dafür, dass die Mitarbeiter sich auf die Performance, das heißt auf die Sache konzentrieren können. Vom einmal eingeschlagenen Weg lassen sich High-Performance-Teams auch durch Widrigkeiten nicht abbringen« [Wieser 2012, S. 60].

Wer ein wirklich schlagkräftiges Team bilden will (»Spitzenteam«), muss ihm auch interessante und herausfordernde Aufgaben stellen.

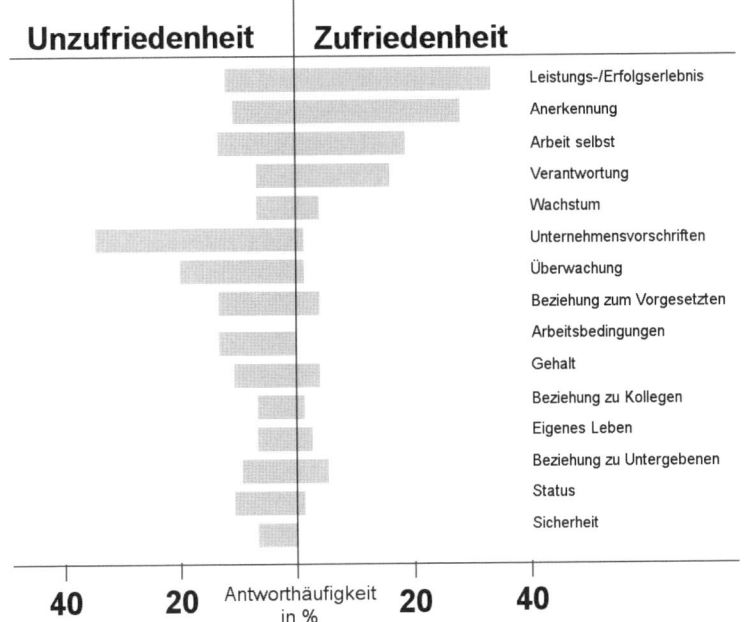

Abb. 6–3
Was Teamarbeiter motiviert (Quelle: Wikipedia, nach Frederik Herzberg)

Gute Tester und Testmanager wollen etwas leisten und ihre Leistungsfähigkeit unter Beweis stellen: »Gib Menschen die Möglichkeit, eine Leistung zu erbringen, und viele – nicht alle – werden ein bemerkenswertes Maß an Zufriedenheit erlangen« [Malik 2006, S. 46].

Wie die Abbildung zeigt, werden Teammitarbeiter besonders durch die Erfahrung der eigenen Leistung und durch Anerkennung motiviert. Geld spielt eine eher untergeordnete Rolle, nicht einmal Statuszuweisungen wirken besonders aufmunternd. Nichts motiviert mehr als das Gefühl der eigenen Leistung.

Leistung als Motivation

Neben dem zentralen Thema der Fokussierung auf das Wesentliche können auch noch andere unterstützende Maßnahmen ein Team voranbringen. Hierzu gehört eine eindeutige Rollenzuschreibung, z.B. dass ein Tester für die Testfallerstellung zuständig ist und ein anderer für das Thema Automation – aber nicht jeder für alles. Dazu gehört auch eine eindeutige Definition, welche Rolle das Testteam im Gesamtprojekt bzw. in der Gesamtorganisation hat. Unklare Zuständigkeiten führen zu einer Erosion der Verantwortlichkeiten.

Weiter ist es für jedes Team – egal ob Test- oder ein anderes Team – förderlich, wenn die Kommunikationswege kurz und informell gestaltet sind. Dazu gehört z.B., dass die Teammitglieder räumlich eng zusammenarbeiten, am besten in einem Raum oder zumindest auf einem Stockwerk. Enges Zusammensein verstärkt die Kommunikation und auch die Zusammenarbeit. Räumlich weit getrennte Teams, die eventuell sogar in verschiedenen Städten oder Ländern arbeiten, werden dank moderner Technik ebenfalls ihr Pensum bewältigen, aber kaum einmal Spitzenleistungen erbringen. Wer in engem Austausch mit anderen steht, entwickelt auch viel eher ein Gefühl dafür, dass alle Mitglieder des Teams aufeinander angewiesen sind. Diese enge Eingebundenheit in die Teamgemeinschaft prägt auch ein »Aufeinander-angewiesen-Sein«, in dem sich jeder für den Gesamterfolg des Teams verantwortlich fühlt.

Heterogene Teams sind erfolgreicher.

Als günstig für den Erfolg erweist sich nach zahlreichen Untersuchungen eine heterogene Teamzusammensetzung, also die Zusammenarbeit von jungen und älteren Mitgliedern, von Männern und Frauen, von Ausländern und Inländern, von Theoretikern und Praktikern. Allerdings stellen solche heterogenen Gruppen hohe Anforderungen an die Teamleitung:

»Als günstig erweisen sich gewöhnlich die Heterogenität der Gruppe – sind sich die Mitglieder zu ähnlich, können sie sich nicht gegenseitig anregen – sowie breit gestreute Fähigkeiten und vielfältiges Wissen der Teilnehmer. Eher hemmend wirkt es sich aus, wenn die Mitglieder schon längere Zeit zusammenarbeiten und die Gruppe sehr klein ist. Innovationsförderliche Führung von Gruppen stellt hohe Anforderungen an die soziale Kompetenz der Führungskräfte« [Nerdinger, Blickle & Schaper 2008, S. 156].

Aus der Praxis:

Jeder Teamleiter bzw. Testmanager sollte froh sein, wenn er ein Team dahin bringt, dass es die Leistungs- und Terminvorgaben weitgehend einhält. Ob man deshalb dann schon von einem »Spitzenteam« reden sollte, sei dahingestellt.

Damit ein Team so gut wie möglich funktionieren kann, benötigt es eine eindeutige Fokussierung und eine interessante Aufgabe. Für die Tester und Testmanager sind Anerkennung, Verantwortung und das Erlebnis der eigenen Leistung sowie Entfaltung wichtiger als Sonderprämien.

Es gibt Faktoren, die Teammitglieder frustrieren und davon abhalten, ihre beste Leistung abzurufen. Hierzu gehören schlechte Stimmung im Unternehmen, unsichere Arbeitsplätze, aber auch unbefriedigende Arbeitsbedingungen. Unter Letztere fallen z.B. unfreundliche, nicht teamgeeignete Räume oder auch eine veraltete Technik. Tester, die auf alten Hobeln mit steinalten Betriebssystemversionen die neueste Software testen sollen, werden nicht die Performance bringen, die sich das Management vorstellt.

Gute Technik, klare Vorgaben, eindeutige Rollen und Aufgaben, interessante Tätigkeiten, faire Vorgesetzte und Leiter – damit lässt sich schon eine ganze Menge erreichen.

7 Mittendrin statt nur dabei: Tester und Testmanager in agilen Teams

Scrum assumes you are all adults.

Ken Schwaber

7.1 Warum es agile Entwicklungsprozesse gibt

Projektleiter und Manager von Softwareentwicklungsprojekten standen und stehen bis heute vor dem Problem, die Anforderungen (häufig auch neudeutsch als »Requirements« bezeichnet) an eine Software, zuweilen in einem Lastenheft gesammelt, stets auf dem neuesten Stand zu halten.

Je länger eine Entwicklungsphase andauert, desto mehr ändern sich die Anforderungen. Wenn ein Softwareentwicklungsprojekt bereits zwei Jahre lang läuft, kann man davon ausgehen, dass die Mehrzahl der Anforderungen in diesem Zeitraum veraltet ist, verändert und angepasst wurde oder mit neuen Anforderungen im Widerspruch steht.

Aber auch kürzere Projekte leiden unter der schnellen Sklerose der vorhandenen Anforderungen. Neue Releases, Updates und Patches verschleiern diesen Sachverhalt mehr, als dass sie wirkliche Abhilfe schaffen. Bei Projekten, die nach dem Wasserfallmodell oder z. B. nach dem im öffentlichen Dienst üblichen V-Modell arbeiten, besteht immer die Gefahr, dass der Kunde nach einer langen Entwicklungszeit eine Software erhält, die er im schnelllebigen Softwaregeschäft längst schon nicht mehr brauchen kann.

Das Problem der Anforderungssklerose

Agile Methoden versuchen das Dilemma der Anforderungssklerose aufzulösen, indem sie den Kunden möglichst früh und möglichst ständig in den Entwicklungsprozess mit einbeziehen und in wenigstens monatlichem Abstand fertige Softwarelösungen präsentieren.

Zusätzlich zum Problem der Anforderungssklerose suchte man in den 90er-Jahren bei der Entwicklung neuer Projektmanagementmethoden für die Softwareentwicklung nach Möglichkeiten zur Verschlankung und Vereinfachung der Entwicklungsprozesse nach dem Muster industrieller Abläufe wie z. B. der »Lean Production« im Automobilbau.

Erste Überlegungen hierzu kamen bereits Anfang der 90er-Jahre auf, den ersten wirklich auswirkungsreichen schriftlichen Niederschlag fand die agile Entwicklung 1999 in Kent Becks Buch »Extreme Programming« [Beck 1999].

Extreme Programming in Softwareprojekten

Wer damals in der Softwareentwicklung tätig war, zeigte sich von diesem neuen Vorgehensmodell meistens fasziniert und begeistert. Da tat sich etwas ganz Neues auf: eine Methode, bei der plötzlich nicht mehr das heilige Lastenheft im Mittelpunkt des Projekts stand; kein Projektleiter, der die Vorgaben eines Kunden auf Biegen und Brechen durchzusetzen versucht, dazu der Anschein von wenig Bürokratie und kaum Dokumentationszwang. Wir waren begeistert und überzeugt, dass die Softwareentwicklung mit Extreme Programming in eine neue Ära eintreten würde.

7.1.1 Das »Agile Manifest«

Die »agilen Methoden« (also die »leichtgewichtigen« Methoden) gehen von einem stark demokratischen Ansatz aus, bei dem der Entwickler und nicht mehr der Projektleiter oder das Management im Zentrum des Projektgeschehens steht. Unter agilen Vorgehensmodellen versteht man inzwischen hauptsächlich die zwei Ausprägungen Extreme Programming und Scrum, wobei sich beide Modelle nicht ausschließen, sondern eher ergänzen.

Die Autoren des Agilen Manifests

2001 verfasste eine Gruppe von aktiven und teilweise prominenten Softwareentwicklern das »Manifesto for Agile Software Development« und stellte es ins Internet. Dieses Manifest fasst die grundlegenden Werte der agilen Softwareentwicklung kurz und prägnant zusammen (Sie finden es im Originalwortlaut sowie in deutscher Übersetzung in Anhang A.10) und dient seither als eine Art Richtschnur für agile Vorgehensmodelle und Projekte.

7.1.2 XP: Der Weg zum sauberen Code

Was verbirgt sich hinter dem Schlagwort »Extreme Programming«? Extreme Programming (abgekürzt XP) ist zunächst ein Vorgehensmodell für den Softwareentwicklungsprozess und steht damit auf einer Stufe wie etwa das V-Modell oder RUP. XP will aber vom Ansatz her mehr: Es versteht sich u. a. als eine Sammlung von Werten, Prinzipien und Best Practices für die Entwicklung von qualitativ hochwertiger

Software. Die Qualität des Codes steht für XP denn auch über allen anderen Werten.

XP wurde größtenteils von Kent Beck, einem prominenten Softwareentwickler und Unterzeichner des »Agilen Manifests«, entwickelt.

Codequalität im Mittelpunkt von XP

Im Wesentlichen besteht XP aus der Verwirklichung der folgenden zwölf Grundprinzipien:

1. **The Planning Game:**
   Der Kunde stellt eine Liste von Requirements für das gewünschte Softwaresystem vor. Jedes (wichtige) Requirement ist in Form einer »User Story« beschrieben. Die User Stories sind teilweise auf einer Art Karteikarten notiert. Das Entwicklerteam gibt nun für jede User Story eine Zeitschätzung ab und dafür, wie viele Stories in einem bestimmten Zeitintervall (Iteration) umgesetzt werden können. Der Kunde entscheidet daraufhin, welche User Stories in welcher Reihenfolge in Code umgesetzt werden.

2. **Small Releases:**
   Man beginnt mit dem kleinsten eigenständigen Anwendungsteil. Es werden zahlreiche Releases erzeugt, jedes Release verfügt über eine neue Funktionalität.

3. **System Metaphor:**
   Es folgt die Einrichtung eines einfachen, für alle Beteiligten schnell verständlichen und wiedererkennbaren Vokabulars.

4. **Simple Design:**
   Man verwendet die einfachste aller möglichen Architekturen. Damit ist gewährleistet, dass man möglichst schnell auf Änderungen der Requirements reagieren kann, falls eine Änderung in der Architektur nötig wird.

5. **Continuous Testing:**
   Der Test ist der erste geschriebene Code. Noch bevor produktiver Code entsteht, wird ein Test entwickelt, der den künftigen Code abtesten wird. XP-Programmierer arbeiten mit automatisierten Unit-Tests und einem Unit-Framework. Jeder Test testet typischerweise nur eine Klasse (oder ein geringe Menge von Klassen). Den Umfang funktionaler Tests, die das Gesamtsystem oder einen Großteil davon testen, legt der Kunde fest. Die funktionalen Tests sollten so weit wie möglich automatisiert ablaufen.

6. **Refactoring:**
   Der geschriebene Code wir regelmäßig in seiner Struktur verbessert und optimiert. Doppelt geschriebener Code wird dabei ent-

deckt und der Gesamtcode in Sachen Ablaufgeschwindigkeit und Einfachheit optimiert.

7. **Pair Programming:**
Code wird immer von zwei Programmierern geschrieben, die gemeinsam an einer Maschine sitzen. Ein Programmierer schreibt den Code, der andere unterzieht den Code sofort einem Review.

8. **Collective Code Ownership:**
Niemand besitzt ein Modul einer Anwendung. Jeder Programmierer kann an jeder Stelle der Applikation sofort einsetzen und weiterprogrammieren. Deshalb arbeiten die Programmierer immer wieder in verschiedenen Modulen der Applikation.

9. **Continuous Integration:**
Alle Änderungen am Code werden täglich eingecheckt. Vor und nach der Integration müssen sämtliche Tests laufen. Damit ist gesichert, dass dem Kunden jederzeit ein tagesaktuelles lauffähiges Programm zur Verfügung steht.

10. **40-Hour Work Week:**
Überstunden sind verboten, denn die Programmierer sollen nicht wie Zitronen ausgequetscht werden. Dies ist weniger sozialen Ansprüchen geschuldet als denen an die Codequalität: Übermüdete Programmierer können keine Top-Leistung mehr bringen. Eine Woche mit Überstunden ist erlaubt. Sind darüber hinaus Überstunden nötig, dann hat das Management offensichtlich falsch geplant.

11. **On-site Customer:**
In der Entwicklung steht permanent ein Vertreter des Kunden oder der Produktmanager des Kunden zur Verfügung.

12. **Coding Standards:**
Es gibt verbindliche Coding-Standards, die von allen Entwicklern eingehalten werden. Idealerweise weiß kein Entwickler, wer welchen Code verfasst hat.

Insgesamt gesehen besteht XP aus einer Reihe kleiner, relativ einfach anzuwendender Vorschläge und ständigen Korrekturen des Kurses. Kent Beck hat das Vorgehen bei XP einmal mit dem Fahren eines Autos verglichen. Autofahren besteht nicht darin, dass man sich ein Ziel aussucht und dann aufs Gas drückt. Es besteht vielmehr darin, dass man einen Weg findet, während der Fahrt den Kurs ständig korrigiert und an die Verkehrslage anpasst. So funktioniert auch XP: Man fokussiert das Ziel und sucht dann den Weg, wobei man viele Freiheiten und Korrekturmöglichkeiten hat. XP hat will eine sauberen, für jeden Entwickler nachvollziehbaren Code produzieren.

Eines der wichtigsten Prinzipien von XP ist das testgetriebene Programmieren. Dies stellt einen großen Unterschied zu anderen Vorgehensmodellen dar und ist für Entwickler durchaus gewöhnungsbedürftig. In der Praxis hat sich allerdings gezeigt, dass testgetriebenes Entwickeln, bei dem zunächst der Test geschrieben wird und der eigentliche Code nur als Modell im Kopf des Entwicklers existiert, für Entwickler einen hohen Lerneffekt mitbringt. Außerdem zwingt diese Art des Programmierens zu großer Disziplin beim Codieren.

Testgetriebenes Programmieren

Aus der Praxis:

Die Tätigkeit des Testers bzw. Testmanagers ist bei XP nicht eindeutig definiert. XP geht davon aus, dass Code-Testing als JUnit-Tests vom Entwickler durchgeführt wird.
   Den klassischen System- und Abnahmetest führt der Kunde durch. Diese Art der Tests macht bei XP keinen Unterschied zu anderen Vorgehensmodellen.

Auch die Softwarewelt hat ihre Moden. XP wurde Anfang der 2000er-Jahre bei vielen Projekten in den USA und auch in Europa praktiziert. Inzwischen ist es um XP etwas ruhiger geworden. Viele Ideen und Werte von XP sind in Scrum eingeflossen, das momentan mehr und mehr zum gängigen Vorgehensmodell moderner Softwareentwicklung wird.

7.1.3 Die Besonderheiten von Scrum

Scrum ist ebenso wie Extreme Programming eine sogenannte »agile Methode« der Softwareentwicklung und mit dem soeben beschriebenen XP eng verwandt. Beide Vorgehensmodelle schließen sich nicht aus, sondern ergänzen einander sehr gut.

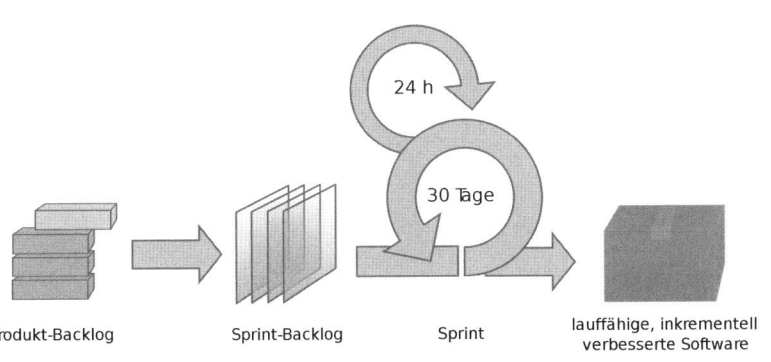

Abb. 7–1
Der Scrum-Prozess
(Quelle: Wikipedia)

Scrum (übersetzt in etwa mit »Gedränge«) versteht sich selbst als ein Vorgehensmodell, das sich gerade für ein komplexes Verfahren, wie es eine Softwareentwicklung darstellt, eignet. Nach den Worten von Ken Schwaber, einem der geistigen Väter von Scrum, ist Scrum auf der einen Seite ein sehr einfaches Vorgehensmodell, jedoch eröffnet diese Einfachheit auf der anderen Seite Spielräume für die komplexen Abläufe, die eine Softwareentwicklung begleiten.

Freiräume mit Leitplanken

Scrum stellt eine Art »Leitplanken« zur Verfügung, innerhalb derer die Akteure viele Freiräume haben.

Im Wesentlichen besteht Scrum aus Verfahrensabläufen, die sich regelmäßig wiederholen. Das zentrale Vorgehen von Scrum zeigen die beiden Kreise in Abbildung 7–1. Ein Sprint von 30 Tagen ist eine solche Iteration, ebenso der (Entwicklungs-)Tag mit seinen 24 Stunden. Dazu Ken Schwaber: »The heart of Scrum lies in the iteration. The team takes a look at the requirements, considers the available technology, and evaluates its own skills and capabilities. [...] The team figures out what needs to be done and selects the best way to do it« [Schwaber 2003, S. 6].

7.1.4 Rollen im Scrum-Modell

Scrum kennt nur drei Projektrollen: den Product Owner, der den Kunden vertritt und im Projekt darauf achtet, dass das richtige Produkt gebaut wird, den Scrum Master, der darauf achtet, dass die Scrum-Regeln eingehalten werden, und das Team vor Störung schützt (hat nichts zu tun mit einem Projektleiter im herkömmlichen Sinn!), sowie das Team. Das Team trägt die Verantwortung für den Entwicklungsprozess und dafür, welche Requirements es innerhalb eines gewissen Zeitraums (in einem »Sprint«, der zwei bis vier Wochen dauert) abarbeiten will. Herkömmliche Aufgaben des Projektleiters wie die Verteilung von Arbeitspaketen, die Besetzung der Teamrollen sowie die Überprüfung der Zeitpläne und der Abdeckung von Requirements übernimmt das Testteam.

Das Team ist verantwortlich.

Das Team trägt aber auch die alleinige Verantwortung: »The team is responsible for developing functionality. Teams are self-managing, self-organizing, and cross-functional and they are responsible for figuring out how to turn Product Backlog into an increment of functionality within an iteration and managing their own work to action and of the project as a whole« [Schwaber 2003, S. 7].

Neben den drei Projektrollen gibt es in Scrum darüber hinaus noch die Stakeholder, die mehr oder weniger Interesse an dem Projekt haben oder darin involviert sind. Sie tragen die wenig schmeichelhaften Bezeichnungen »Chickens« und »Pigs«.

Die Bezeichnungen stammen von einer Art Witz, in dem Huhn und Schwein zusammen ein Lokal eröffnen wollen. Schließlich fragt das Schwein, wie das Lokal denn heißen solle, und das Huhn antwortet: »Ham and Eggs«. Das Schwein erklärt daraufhin, mit dem Huhn lieber doch kein Lokal eröffnen zu wollen, denn das Schwein wäre verpflichtet (committed), das Huhn dagegen nur eingebunden (involved). Genauso verhält es sich bei den Projekt-Stakeholdern: Einige sind auf irgendeine Art mitverantwortlich für den Projekterfolg, die anderen nur ein wenig beteiligt.

Chickens und Pigs

> **Aus der Praxis:**
> Eine eigenständige Rolle für Tester oder Testmanager ist in der Theorie von Scrum nicht festgelegt.
> Die Testerrollen sind schlicht nicht definiert und beschrieben. In Scrum-Projekten stand ich immer vor der Herausforderung, den oder die Tester in das Scrum-Team einzugliedern. Wenn der Tester wie ein Entwickler behandelt und einfach in das Team eingefügt wird, funktioniert das normalerweise auch. Wichtig ist, dass der Tester keine Sonderrolle hat, sondern mit dem Team an einem Strang zieht und sich bemüht, das Team vorwärtszubringen. Dann wird er auch von den Entwicklern akzeptiert und als wichtige Ressource verstanden.

Tester und Testmanager lassen sich eindeutig den »Pigs« zuordnen. Sie sind für den Projekterfolg mitverantwortlich, ohne eine definierte Rolle zu besitzen. An die Soft Skills und das Fingerspitzengefühl stellt diese Position hohe Anforderungen. Inzwischen sind Schwaber und andere Scrum-Gurus von dem »Chicken & Pigs«-Bild etwas abgerückt, um keine negative Grundhaltung gegen bestimmte Stakeholder zu etablieren. Man findet das Beispiel aber häufig noch in der Literatur und meiner Meinung nach beschreibt es die Wirklichkeit der Projektwelt auch durchaus zutreffend.

Die Tester müssen in das Projekt hineinfinden, sie müssen Teil des Teams werden und an der Verantwortung für den Projekterfolg mitbeteiligt sein. In der Praxis besteht ihr Job darin, den Entwicklern innerhalb eines Sprints ein schnelles Feedback zur Qualität der erzeugten Software zu liefern. Nur so werden sie einen wirklich wertvollen Beitrag zum Projekterfolg leisten können und damit zu akzeptierten Teammitgliedern werden.

Der Tester als Mitglied im Scrum-Team

7.1.5 Die Anforderungen: User Stories und Acceptance Criteria

Ohne klare Anforderungen lässt sich ein System kaum testen. Was in klassischen Projekten ein Anforderungskatalog oder Lastenheft ist, das sind in Scrum-Projekten die User Stories und die Acceptance Criteria.

Das, was sich der Kunde beziehungsweise der Product Owner von den Entwicklern wünscht, findet bei Scrum-Projekten – wie schon bei XP beschrieben – seinen Niederschlag in den sogenannten User Stories. Diese werden häufig auf Karteikarten geschrieben, da sie auf diese Art leicht zu strukturieren und zu verwalten sind. Inzwischen gibt es auch »elektronische« Karteikarten am PC. Bei den User Stories hat sich vielfach der von Mike Cohn vorgeschlagene Formalismus eingebürgert, sodass seine User Story beispielsweise beginnt mit: »As a (Rolle) I want (etwas) so that (Nutzen) …«, also z. B.: »As a bank client I want to draw money in a foreign currency …«. Oft wird auf den User Story-Cards auch die Priorität angegeben sowie eine Schätzung, wie viel Zeit von zwei Programmierern zur Implementierung der Story benötigt wird.

User Stories sind für Programmierer und Tester mit dem gleichzusetzen, was in »klassischen« Projekten die Anforderungen bzw. Requirements sind. Entsprechend gelten auch vergleichbare Vorgaben für eine gute User Story: Sie muss eine eindeutige Identifizierung haben und einen eindeutigen Titel tragen. Der Inhalt muss stringent sein, kurz, eindeutig, den Kundennutzen mehren, ohne allzu viele Details, er muss schätzbar sein und nicht zuletzt testbar. Auch nichtfunktionale Anforderungen werden in Scrum-Projekten in Form von User Stories beschrieben, beispielsweise: »As a bank client I want an answer from the customer system in 1 sec.«

User Stories werden häufig um die sogenannten »Acceptance Criteria« ergänzt. Die verfasst der Product Owner und listet darin auf, was geschehen muss, damit eine User Story als »completed« zu werten ist, z. B.: »If you get a result, display the number. If you get no result, display a message box.« Eines oder mehrere Acceptance Criteria werden gewöhnlich direkt unter der User Story als Liste geführt.

> **Aus der Praxis:**
> Es ist immer gut, sowohl für den Programmierer als auch für den Tester, wenn eine User Story Acceptance Criteria enthält (leider liefern die nicht alle Product Owner). Aus den Acceptance Criteria lassen sich nämlich – wenn sie entsprechend gut formuliert sind – schnell die Testfälle ableiten. Als Faustregel gilt, dass zu jedem der Acceptance Criteria mindestens ein Testfall vorhanden sein sollte (am besten zwei oder mehr, ein Positiv- und ein Negativtest), sodass sich am Ende eines Sprints auch die Requirements Coverage durch den Tester reporten lässt.
> Was folgt daraus als Aufgabe für die Tester? Sie müssen für sich die Anforderungen aus User Stories und Acceptance Criteria zusammentragen. Im Zweifelsfall kann der Product Owner dabei entstehende Fragen klären.

7.1.6 Die Rolle des Testers in Scrum-Teams

Da die Rolle des Testers in Scrum nicht eindeutig definiert ist, müssen Tester und Testmanager in Scrum-Projekten ihre Rollen erst finden und definieren. Die »Gründerväter« von Scrum sehen hierin eigentlich gar kein Problem.

Wie Ken Schwaber mir auf meine diesbezügliche Frage am Rande einer Scrum-Veranstaltung mitteilte, sieht er in Scrum-Projekten keinerlei Unterschied zwischen einem Entwickler und einem Tester. Beide sind einfach Mitglieder eines Teams, das eine Aufgabe zu lösen hat. Die konkrete Rolle des Testers wird demnach im Team ausdiskutiert und festgelegt. Von diesem Standpunkt aus scheint eine feste Rollenfestlegung nicht nötig. Der Tester muss sich also mit dem Team »zusammenraufen« und darin bewähren. Mehrere Autoren, die sich in letzter Zeit zur Rolle des Testers in Scrum-Teams äußerten, wollen festgestellt haben, dass auf die Scrum-Tester umfassendere und verantwortungsvollere Aufgaben zukommen als auf die klassischen Tester, so z.B. Johannes Hochrainer von Software Quality Lab: »Den Testern wird von Scrum einiges abverlangt. Sie sind nicht mehr nur für das manuelle Testen zuständig, sondern müssen auch Anforderungen prüfen, Reviews durchführen, Tests automatisieren und mit Entwicklungs- und Testwerkzeugen umgehen können« [Hochrainer].

Kein Unterschied zwischen Tester und Entwickler in Scrum

Auch Klaus Kilvinger sieht den Tester in der agilen Welt neu definiert. Seiner Beobachtung nach »wandelt sich der heutige Testingenieur in der agilen Welt zum Testanalysten mit erweiterten Aufgaben und Pflichten. [...] Der Testanalyst muss höheren Anforderungen genügen als der bisherige Testingenieur. Er braucht methodische Kompetenz, Wissen über Qualitätssicherung, Erfahrung in der Softwareentwicklung und gutes technisches Verständnis der Architektur des geplanten Produkts. All dies sollte bei ihm zudem noch fundierter sein als beim klassischen Testingenieur. Der gerne verfolgte Ansatz des ›einfachen und billigen Testers‹ kann hier also nicht mehr angewendet werden« [Kilvinger].

Derartigen Ansätzen zu einer Neudefinition der Testerrolle in agilen Projekten ist nur sehr bedingt zuzustimmen. In der realen Projektwelt verhält es sich vielmehr so, dass das Team der Chef ist.

Testmanager und Testkoordinatoren in Scrum-Teams

Das Team legt fest, was der Tester oder der Testkoordinator im Scrum-Team macht und wie er dem Team hilft. Die Rolle kann auch durchaus von einem Sprint zum anderen wechseln – das gehört eben zum agilen Vorgehen. Das Team ist der Chef und weiß am besten, wie es seinen Sprint zu Ende bringt und seine Qualitätssicherung durchführt.

> **Aus der Praxis:**
>
> Der Tester in einem Scrum-Team muss vor allen Dingen kommunikative Kompetenzen mitbringen sowie den Willen, sich in das Scrum-Team einzugliedern. Je besser diese Eingliederung gelingt, desto besser wird die Zusammenarbeit mit den Entwicklern ablaufen. Für den Tester hat es keinen Sinn, in irgendeiner Weise auf Eigenständigkeit zu pochen: Nur als Teil des Teams wird er seine Arbeit erfolgreich ausführen können.
>
> Zur Teammitgliedschaft des Testers gehört ebenso, dass er an den alltäglichen Daily Scrums teilnimmt und dort erklärt, woran er gerade arbeitet und welche Ergebnisse er erzielt hat. Außerdem zählt dazu, dass er die Testfälle für den aktuell bearbeiteten Sprint schreibt und ausführt. Das Team kann natürlich auch »Spezialwünsche« an den Tester herantragen, z. B. den Wunsch nach einem Last-und Performancetest. Der Tester tut das, was dem Team am meisten hilft.
>
> Andererseits profitiert auch der Tester von seiner Eingliederung ins Team: Scrum-Teams sind gewöhnlich dankbar für eine objektive Bewertung ihrer Softwarequalität. Der oder die Tester zeigen dem Team, wo es steht. Wenn es gut läuft, findet der Tester ein hohes Maß an Akzeptanz und Anerkennung.
>
> Schließlich gibt es als weiteren Berührungspunkt zwischen Team und Test die (wünschenswerte) Zusammenarbeit zwischen Tester und Product Owner. Der oder die Tester können und sollen die User Stories und Acceptance Criteria auf ihre Testbarkeit hin abklopfen und querlesen. Wenn es dann zur Testdurchführung kommt, lässt sich dadurch viel Zeit und Abstimmungsaufwand sparen.

7.1.7 Die Rolle des Testmanagers in Scrum-Teams

Nach Johannes Hochrainer von Software Quality Lab wird im Scrum-Prozess nicht nur die Rolle des Testers neu definiert, sondern auch die des Testmanagers: »Auch in der agilen Welt ist Planung wichtig und darf nicht vernachlässigt werden. Dazu soll in jedem Scrum-Team ein

Testkoordinator vorhanden sein. Er plant und steuert alle Testaktivitäten und setzt die anderen Tester effektiv ein« [Hochrainer].

Die Rolle eines Testmanagers ist in Scrum genauso wenig definiert wie die des Testers. Dennoch: Wenn die Teams größer werden und mit mehreren Testern agieren, muss jemand die Tester koordinieren und darüber hinaus all die anderen Tätigkeiten ausführen, die die Organisation eines Testteams so mit sich bringt: Statusberichte liefern, Termine abstimmen, Testkonzepte schreiben, Teststrategien festlegen usw. Egal ob man die betreffende Person nun »Testkoordinator« oder »Testmanager« nennt, sie unterscheidet sich vom normalen Scrum-Tester nur unwesentlich. Genau wie Letzterer wird der Testkoordinator seinen Platz im Scrum-Team finden müssen. Sehr viel Koordinationsarbeit wird normalerweise ohnehin nicht anfallen: Selbst große Scrum-Teams verfügen selten über mehr als zehn bis zwölf Entwickler. Und kaum mehr als drei oder vier Tester werden ein einzelnes Scrum-Team in Sachen Qualitätssicherung begleiten.

Der Scrum-Testkoordinator wird also in den meisten Fällen ein »Zwitterwesen« zwischen Organisator und »Hands on«-Tester sein. Er ist ein »Primus inter Pares«, kein Manager.

Die Rolle des Testkoordinators im Scrum-Team

Anders sieht die Sache aus, wenn der Testmanager eine ganze Anzahl von Testern koordiniert, die auf verschiedene Scrum-Teams verteilt sind. Dann nimmt der Testmanager eine reine Managementposition außerhalb der Scrum-Teams ein und gehört nicht einem einzelnen Team an. Dann ist der Testmanager eben in seiner Rolle eben als Manager im Scrum of Scrums unterwegs, das Scrum-spezifische Vorgehen eines einzelnen Teams berührt ihn dann nur mehr am Rande.

7.2 Kommunikation der Tester mit Product Owners und Scrum Masters

Man muss es nochmals betonen: Der Tester ist ein ganz gewöhnliches Mitglied eines Scrum-Teams. Der Scrum Master kann und wird den Tester nicht dazu auffordern können, bestimmte Tests präferiert auszuführen oder eine spezielle Teststrategie zu fahren – solche Dinge sind allein Sache des Teams. Insofern wird der Scrum-Tester mit dem Scrum Master nicht mehr oder weniger zu tun haben als die Entwickler auch.

Schwieriger kann der Umgang mit den Product Owners werden, die sich manchmal berufen fühlen, an den Tester bestimmte Wünsche oder Vorschläge heranzutragen. Solch ein Wunsch kann z.B. darin bestehen, dass eine bestimmte kritische User Story besonders gründlich oder als Allererste getestet wird. In einem »normalen«, nicht agilen

Projekt würde der Kunde dafür den Testmanager oder Projektmanager ansprechen.

Das Team entscheidet, was der Tester macht.

Man kann jedem Tester in agilen Teams nur raten, dass er sich von solchen Spezialaufgaben nicht unter Druck setzen lässt und den Wunsch des Product Owner zunächst in seinem Team zur Sprache bringt, am besten im Daily Scrum. Dann entscheidet das Team, ob man dem Wunsch des Product Owner Folge leistet oder nicht. Wie in allen anderen Belangen in Scrum-Teams gilt auch hier: Das Team ist der Boss, das Team allein und nicht der Product Owner oder der Scrum Master. Unserer Mentalität mag dieses basisdemokratische Vorgehen zunächst fremd sein; wenn man sich aber einmal daran gewöhnt hat, spricht vor allem eines dafür: Ein Scrum-Team ist meistens sehr effizient und die Arbeit in einem solchen kann sehr befriedigend sein. Die Hierarchien sind flach, die Entscheidungen fallen meist schnell.

Ein gravierender Nachteil der besonderen Stellung des Teams soll hier allerdings auch nicht verschwiegen werden:

Sozialer Druck in Scrum-Teams

Der soziale Druck in einem Scrum-Team kann sehr hoch werden. Durch das Daily Scrum wird jedes Teammitglied täglich nach seinen Ergebnissen gefragt und damit wird auch täglich – gewollt oder nicht – seine Leistung geprüft: Wie weit bist du gekommen, brauchst du Hilfe? Kein Tester und kein Entwickler gibt sich gerne vor dem versammelten Team eine Blöße. Diese Vorgehensweise und diese Art der Kontrolle ist nicht für jeden geeignet, und besonders für Tester, die seit Jahr und Tag daran gewöhnt sind, über ihre Arbeitsinhalte selbst zu entscheiden, kann das Scrum-Vorgehen eine große Umstellung bedeuten. Bei den Sprint Backlogs, die am Ende eines jeden Sprints stattfinden und in deren Rahmen der Product Owner die Ergebnisse des Teams abnimmt, besteht für die einzelnen Mitglieder immerhin die Möglichkeit, sich im Team zu verstecken. Bei den Daily Scrums ist das nicht möglich, da muss jeder Teilnehmer für seine Ergebnisse geradestehen.

Aus der Praxis:

Die Anforderungen an die Soft Skills eines Testers sind in Scrum-Teams keineswegs geringer als in herkömmlichen Projekten. Der Tester muss einerseits ein relativ hohes Maß an Überwachung durch das Team im Daily Scrum aushalten, andererseits muss er aber in den unterschiedlichen Scrum-Meetings eine eigene Meinung haben und diese auch deutlich vertreten können.

Scrum ist kein Vorgehen, das sich für alle und jeden eignet. Man muss die persönlichen Voraussetzungen für diese spezielle Form der »überwachten Teamdemokratie« mitbringen und diese auch voll und ganz bejahen, wenn man als Tester in einem Scrum-Team glücklich werden will.

*Mich interessiert vor allem die Zukunft,
denn das ist die Zeit, in der ich leben werde.*

Albert Schweitzer

7.3 Wo die Reise hingeht

Prognosen haben bekanntlich das Problem, dass sie sich mit der Zukunft befassen – die aber kennt niemand. Insofern ist es schwierig zu sagen, wie der Test oder die Qualitätssicherung der Zukunft aussehen und wohin sich dieses Gebiet entwickeln wird.

Man liegt wohl nicht falsch mit der Annahme, dass die Ansprüche der Kunden an Software in Zukunft nicht geringer werden. Die Anforderungen an die Qualität der Software werden steigen. Das ist insofern eine gute Nachricht, als man daraus folgern darf, dass den Testern, Testmanagern und Qualitätsmanagern die Arbeit so schnell nicht ausgehen wird.

Gleichzeitig werden die Kunden ein schnelleres und flexibleres Reagieren auf ihre immer wieder wechselnden Anforderungen erwarten. Dies spricht für eine Ausweitung des Scrum-Ansatzes, denn kein Vorgehensmodell kann so schnell auf oszillierende Anforderungen der Kunden reagieren wie Scrum.

Ansteigen dürfte auch die Anwendung der serviceorientierten Architekturen (SOA), da deren technisches Potenzial in der gegenwärtigen Softwarelandschaft bei Weitem noch nicht ausgeschöpft ist. Die gegenwärtige Entwicklung im Maschinen- oder im Fahrzeugbau weisen darauf hin, dass Embedded Systems und der Anteil der Embedded-Software zunehmen und die Tester vor entsprechende Herausforderungen stellen wird. Deutschland ist nach den USA und Japan der weltweit drittgrößte Hersteller von Embedded Systems. Ihr Anteil an der Wettbewerbsfähigkeit der Industrie ist entsprechend hoch und wird in Zukunft zumindest in Deutschland eher zu- als abnehmen (siehe Embedded-Kongress des Fraunhofer-Instituts IESE 2009, *http://idw-online.de/pages/de/news341982*, letzter Abruf 02.05.2012).

Scrum, SOA, Embedded Systems – darauf sollte man sich als Tester oder Testmanager heute einstellen, wenn man die Entwicklungen der Gegenwart fortschreibt. Möglich ist natürlich auch, dass uns eine neue Softwaresprache oder eine andere innovative Technologie überraschen wird. Das können wir jetzt noch nicht wissen, aber Augen und Ohren offen halten und neue Entwicklungen als neue Chancen für Test- und Qualitätssicherung begreifen.

Anhang

A Theoretische Grundlagen und Ergänzungen

Dieses Kapitel enthält Ergänzungen, Nachträge und theoretische Zusätze zum vorhergehenden Text. Es gibt die Möglichkeit zur weitergehenden Vertiefung und dient dem besseren Verständnis der zurückliegenden Kapitel.

A.1 Das Konzept der Rolle

Was ist eigentlich eine Rolle? Eine Rolle ist in erster Linie ein Verhaltensmuster. Jede Position im Unternehmen ist mit verschiedenen Erwartungen an das Verhalten einer Person verknüpft. Die Organisationspsychologie versteht eine Rolle »als ein Bündel normativer Erwartungen, die an den Inhaber einer bestimmten sozialen Position gerichtet sind« [Nerdinger, Blickle & Schaper 2008, S. 525].

Keine Rolle existiert für sich selbst, »jede Rolle existiert nur in Bezug zu anderen, komplementären Rollen (Arzt und Patient, Käufer und Verkäufer, Versicherungsgeber und Versicherungsnehmer etc.). Daher sind Menschen in ihrer Funktion als Rollenträger aufeinander angewiesen« [Nerdinger, Blickle & Schaper 2008, S. 525].

Mit der Rolle, die z. B. ein Tester oder Testmanager einnimmt, werden bestimmte Verhaltensweisen ganz selbstverständlich vorausgesetzt und erwartet. Der Persönlichkeitspsychologe Jens Aspendorpf versteht diese Erwartungen als »Skripts«. Mit jeder Rolle ist ein solches Skript verknüpft, also eine bestimmte Art zu handeln und sich zu verhalten: »Skripts sind eine spezielle Form von Schemata für Ereignisabläufe. So ist im Skript ›Restaurantbesuch‹ wie in einem Drehbuch festgelegt, in welcher Reihenfolge Gast und Kellner eine ganze Reihe von Handlungen durchführen« [Aspendorpf & Banse 2000, S. 157].

Den Beteiligten ist meist gar nicht klar, dass sie sich »skriptkonform« verhalten, so selbstverständlich werden Rollen und Rollenerwartungen – wie im eben geschilderten Restaurantbesuch – übernommen und gelebt.

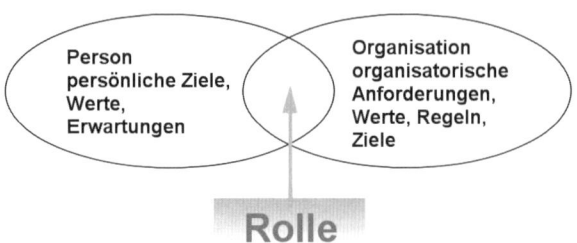

Abb. A-1
In einer Rolle verbinden sich persönliche Ziele mit den Unternehmenszielen.

Rollen werden von Individuen ausgefüllt und diese können und werden ein und dieselbe Rolle verschieden leben. Je nach Projekt- oder Unternehmenskultur sind dabei die Grenzen des individuellen »Auslebens« enger oder weiter gesteckt. Eines aber haben alle Rollenkonzepte in einem Projekt gemeinsam: Die Übernahme einer Rolle bedeutet für den Mitarbeiter, auf einen Teil seiner Persönlichkeit zu verzichten und nur jenen Teil auszuleben, den das Projekt sozusagen »eingekauft« hat. Man spricht organisationspsychologisch von einer »Einschränkung der Verhaltensvariabilität« und meint damit die Zwänge, die mit der Übernahme einer Rolle einhergehen. Eine simple Einschränkung in fast jedem Projekt ist z.B. die Verpflichtung zur Geheimhaltung, d.h., das Projektmitglied kann aufgrund seiner Rolle und der damit einhergehenden Kenntnis interner Vorgänge nicht jedem Beliebigen einfach alles erzählen, was das Projekt betrifft.

Außerdem muss sich der Mitarbeiter darüber klarwerden, was in der spezifischen Rolle eigentlich von ihm erwartet wird. Da diese Erwartung selten schriftlich festgehalten ist, gilt es, das Rollenverständnis mit den Vorgesetzten (dem »Rollensender«) und Kollegen möglichst bald zu klären. In den Fällen, wo ein entsprechendes »klärendes Gespräch« nicht möglich ist, bleibt der »Rollenübernehmer« auf seine Intuition angewiesen, was allerdings zu Fehlinterpretationen führen kann und auf jeden Fall länger dauert als ein Gespräch.

Eine Rolle besteht nicht nur aus Arbeitsinhalten, sondern – fast noch wichtiger – aus einem Verhaltenskodex, also einer Reihe von Dingen, die man tut, bzw. solchen, die man auf keinen Fall tun darf. Dieser Verhaltenskodex wird in jedem Projekt etwas anders gelebt. Im besten Fall motiviert die Rollenübernahme und führt zu einer Weiterentwicklung der Persönlichkeit sowie der beruflichen Möglichkeiten.

Die Ressourcen eines Mitarbeiters werden am besten genutzt, wenn die Rolle klar definiert und der Mitarbeiter für seine Tätigkeit von sich aus motiviert ist (»Ich teste gern«).

A.2 Erkenntnis eigener und fremder Lebensmotive nach Steven Reiss

Wie geht man nun vor bei der Feststellung der Motive? Nach der Ansicht von Steven Reiss trägt jeder Mensch eine ganz spezifische Ausprägung von 16 angeborenen Lebensmotiven in sich und hat demnach seinen eigenen »Motiv-Fingerabdruck«. Einer der gangbaren Wege, um zu einem Reiss-Profil zu gelangen, ist der über einen der zahlreichen Online-Anbieter im Web. Dort lassen sich die 128 Fragen eines der angebotenen Online-Tests gegen Gebühr ausfüllen. Als Ergebnis erhält man eine Grafik, aus der sich die individuelle Ausprägung seiner Motive herauslesen lässt, sowie ein etwa einstündiges telefonisches Auswertungsgespräch. Eine andere Möglichkeit besteht darin, sich eines der Bücher von oder über Reiss zuzulegen, das einen entsprechenden Test enthält.

Reiss sieht das Verständnis der eigenen Motive als unverzichtbare Voraussetzung für ein erfülltes und glückliches Dasein: »Ihr Motivprofil birgt das Geheimnis Ihrer Persönlichkeit. Es bestimmt, was Sie brauchen, um wertebasiertes Glück beziehungsweise das Gefühl zu erlangen, Ihr Leben habe einen Sinn. Sie haben Ihr Motivprofil nicht selbst gewählt –zum großen Teil sind Sie damit geboren. [...] Wenn Sie Ihr Motivprofil kennenlernen, gewinnen Sie Erkenntnisse darüber, wer Sie sind und was Sie vom Leben wollen« [Reiss 2009, S. 124].

A.2.1 Wandlung der Motive im Laufe des Lebens

Wenn die Lebensmotive nach Reiss auch lebenslang stabil bleiben, da sie ja sozusagen genetisch »verankert« sind, so wandeln sich Relevanz und Intensität der einzelnen doch im Laufe des Lebens ziemlich stark. Reiss stellt fest, dass für jüngere Menschen die körperlichen Motive (Essen, Aktivität, Sinnlichkeit, Rache) eine wesentlich größere Rolle spielen als für Ältere ab etwa 40 Jahren. Auch die Motive Macht und Status verlieren im Laufe der Zeit an Relevanz, mit zunehmendem Alter spielt die Karriere keine so herausragende Rolle mehr. Dagegen nehmen die Bedürfnisse Familie, Ehre und Idealismus mit steigendem Alter zu, also jene Motive, die uns historisch und sozial verankern: Familie mit der Zukunft, Ehre mit der Vergangenheit und Idealismus mit der Gesellschaft allgemein.

A.2.2 Lebensmotive im Beruf

Die Selbsterkenntnis, die mit der Kenntnis der eigenen Motivstruktur einhergeht, ist nach Reiss keine Erkenntnis um ihrer selbst willen, sondern sie hat vielmehr ganz praktische Auswirkungen, insbesondere auf Beziehungen, die jemand eingeht, wie etwa auch zu seiner Arbeit. Die Auswirkungen auf die Zufriedenheit im Beruf liegen auf der Hand. Wenn die Arbeit ein wichtiges, für uns zentrales Lebensmotiv befriedigt, dann wird sie auch als sinnvoll und befriedigend empfunden. Jemand, bei dem beispielsweise das Motiv Macht stark ausgeprägt ist, wird immer versuchen, eine Führungsposition zu erreichen, während jemand mit einem ausgeprägten Unabhängigkeitsmotiv immer am liebsten selbstständig arbeiten wird. Ein Mensch mit starker Neugier wird einen Hang zum Gelehrten haben, jemand mit einem starken Bedürfnis nach innerer Ruhe wird sich nach einem möglichst stressfreien Beruf in der Verwaltung oder Buchhaltung umsehen – und sich dabei durchaus wohlfühlen. Wenn für jemanden innere Ruhe nur eine geringe Rolle spielt, wird er womöglich einen Beruf mit Stress und Aufregung ins Auge fassen, eventuell als Manager oder beim Militär. So bestimmen die Motive zwar nicht unbedingt, welchen Beruf jemand ergreift – hier können andere Dinge wie Familientraditionen o.Ä. mitspielen –, wohl aber, wie gut er sich damit fühlen und inwieweit die Tätigkeit ihn befriedigen und erfüllen wird.

A.2.3 Warum wir meinen, dass wir Recht haben

Nach der Motivtheorie von Steven Reiss hat jeder Mensch seinen eigenen individuellen »Motiv-Fingerabdruck«. Unter anderem diese Motive machen demnach den Menschen zu einem Individuum. Das Problem liegt allerdings darin, dass sich der Einzelne nur schwer vorstellen kann, dass seine Mitmenschen womöglich von völlig anderen Motiven angetrieben werden, an ganz anderen Dingen Spaß haben und darin ihre Befriedigung finden. Beispielsweise ist es für den einen, der begeistert liest oder sich gerne weiterbildet (Motiv Neugier), völlig unverständlich, warum jemand anderes (zuweilen gar die eigenen Kinder) mit der Welt der Bücher und der Bildung so gar nichts anfangen kann. Diese verschiedenen Arten, der Wirklichkeit gegenüberzutreten, lassen sich gut auch beim Motiv Macht beobachten. Ehrgeizfreie Menschen können beispielsweise nur sehr schwer nachvollziehen, was die Ehrgeizigen antreibt, und neigen daher dazu, diese als machthungrig und rücksichtslos zu kritisieren. Sie erkennen dabei nicht, »dass ehrgeizige Menschen ihre Anstrengungen genießen« [Reiss 2009, S. 153].

Das gilt natürlich ebenso für Menschen, bei denen das Motiv Sport stark ausgeprägt ist. Unsportliche Menschen tun sich sehr schwer mit der Erkenntnis, dass es gerade die Anstrengung, das »Sich-Schinden« ist, was der Sportler sucht.

Für jedes der 16 Lebensmotive lässt sich eine solche Gegenposition aufzeigen – nämlich der Kritiker, der einfach nicht verstehen kann, dass der andere weder verrückt ist, noch niedrige Ziele anpeilt, sondern in seinem für manche unverständlichen Tun persönliche Befriedigung findet.

Reiss nennt dieses Gefühl, dass man selbst Recht hat und daher zu wissen glaubt, was auch für andere Menschen gut ist, »Self-Hugging«, was so viel bedeutet wie Selbstbezogenheit, Selbstumarmung. Die Folge des Self-Hugging ist eine Reihe von Missverständnissen und Konflikten. Nach Reiss führt das letztlich zu »Alltagstyrannei«, d.h. jemanden zu zwingen, dass dieser sich nach den eigenen Vorstellungen verhält. Wenn beispielsweise Eltern ihre Kinder zwingen, einen speziellen Beruf zu ergreifen oder einen bestimmten Partner zu heiraten, kann dies zwar gutgehen. Aber der Samen eines heftigen Konflikts ist in jedem Fall angelegt, wenn die Kinder nicht die Motivstruktur haben, die ihre Eltern sich wünschen. Dasselbe gilt für Sportler, die sich über die Couch-Potatos mokieren (Motiv Sport, Bewegung), wie auch für die Superschlanken, die sich über Essgewohnheiten ihrer pummeligen Mitbürger (Motiv Essen) lustig machen. Immer aber speist sich nach der Motivlehre von Reiss die Intoleranz aus dem Unverständnis für die Motive der anderen, die wir manchmal emotional einfach nicht nachvollziehen können.

A.2.4 Die Motive der anderen erkennen

Nach der Erkenntnis der eigenen Motive und der individuellen Motivstruktur kann man sich nun auf den Weg machen, die Motive anderer Menschen zu erkennen und von daher ihr Verhalten zu verstehen – sei es, um Teams richtig zusammenzustellen oder um frühzeitig zu erkennen, wo welche »Tellerminen« im Aufeinandertreffen verschiedener Projektbeteiligter lagern könnten.

Selbstverständlich wird man im Berufsleben und anderen Lebensbereichen die Beteiligten kaum dazu bringen können, einen Motivanalyse-Fragebogen auszufüllen. Doch auch ohne eine solche Analyse kann man verstehen, was die »Leitmotive« einer Person sind, wenn man speziell darauf achtet, wie sich die Motive manifestieren. Wer Macht und Einfluss haben will, wird dies vor seiner Umwelt kaum verheimlichen können oder wollen. Und wer nach Status, Anerkennung,

Familie, Beziehungen, Unabhängigkeit oder ganz banal nach gutem Essen strebt, wird dies ebenfalls mehr oder weniger offen zeigen. Interessant kann es auch sein, sich einmal darüber Gedanken zu machen, welche Lebensmotive die verschiedenen Werbebotschaften, die ständig auf uns einprasseln, eigentlich ansprechen. Von Macht über Status, Anerkennung, Sexualität, Essen, Beziehungen wird man alle 16 Lebensmotive in der Werbung angesprochen finden. Am besten fragen Sie sich einmal selbst, welche Werbung Sie warum anspricht. Es wäre erstaunlich, wenn sich hier nicht eines Ihrer zentralen Lebensmotive zeigen würde.

A.2.5 Gleich und Gleich gesellt sich gern

Reiss geht davon aus, dass sich nicht etwa Gegensätze anziehen, sondern vielmehr Menschen mit einer ähnlichen Motivstruktur besonders gut miteinander auskommen. Er spricht in Sachen Beziehungen von der »Kompatibilität zweier Menschen« [Reiss 2009, S. 203].

In erster Linie gilt dies für Paare: »Die allgemeine Kompatibilitätsregel der Motivprofile lautet, dass ähnliche Bedürfnisse und Motive Anziehung bewirken und gegensätzliche Bedürfnisse und Motive Ablehnung erzeugen. Diese Regel spiegelt sich in den folgenden zwei Prinzipien wider. [...] Das Prinzip der Bindung: Paare mit ähnlichen Motivprofilen entwickeln eine Bindung zueinander. Das Prinzip der Trennung: Paare mit gegensätzlichen Motivprofilen entfremden sich« [Reiss 2009, S. 204].

So weit die Theorie. Nun gibt es Konstellationen, bei denen man annehmen dürfte, dass der Konflikt vorprogrammiert ist, nämlich z. B. wenn bei zwei Partnern beide nach Macht streben. Hier könnte man meinen, dass die Partnerschaft in einen ständigen Machtkampf ausartet. Aber auch beim Motiv Macht können sich beide Partner trefflich ergänzen, eben weil ein Partner die Motive des anderen verstehen und nachvollziehen kann. Reiss nennt als Beispiel für ein solches »Machtpaar« Hillary und Bill Clinton, die beide zwar sehr ehrgeizig sind, sich aber nicht als Konkurrenz verstehen, sondern gegenseitig in ihrem Aufstieg befeuern. Schwieriger wird es für die Partnerschaft hingegen, wenn ein Partner sehr ehrgeizig ist (und vom Motiv Macht angetrieben wird), der andere jedoch gar nicht. Der Partner ohne Ehrgeiz kann gar nicht verstehen, was den anderen ständig antreibt, und ihn deshalb auch nicht emotional unterstützen. Der ehrgeizige Partner wiederum kann emotional nicht nachvollziehen, warum dem Partner Aufstieg und Macht so völlig gleichgültig sind.

Ähnlich verhält es sich beim Streben nach Unabhängigkeit. Auf den ersten Blick sollte man meinen, dass zwei Partner, die nach Unabhängigkeit streben, kaum miteinander auskommen, da sie ständig voneinander wegstreben. Aber das Gegenteil ist der Fall. Unabhängige Partner können sich gegenseitig viel Freiheit gewähren, was der jeweils andere auch braucht. Wenn jedoch einer der Partner unabhängig sein will, aber der andere klammert, gerät die Beziehung in Schieflage und droht zu scheitern.

A.2.6 Auswirkungen der Lebensmotive im Arbeitsalltag

Wie man sich unschwer vorstellen kann, wirken sich die Lebensmotive nicht nur auf Paarbeziehungen aus, sondern auch auf die alltägliche Arbeit, und das in mehrfacher Beziehung.

Da ist zum einen die Beziehung des Einzelnen zu Chefs und Kollegen. Die Kompatibilitätsregel, von der oben die Rede war, gilt natürlich auch hier: Wir kommen mit jenen Chefs und Kollegen besonders gut aus, die eine ähnlich gelagerte Motivstruktur haben wie wir selbst. Genau wie in anderen Lebensbereichen »neigen wir dazu, uns im Beruf gut mit Menschen zu verstehen, die ähnliche Motivprofile haben, Menschen mit anderen Profilen aber häufig misszuverstehen« [Reiss 2009, S. 233].

So werden zwei Kollegen mit einem stark unterschiedlich ausgeprägten Motiv Ordnung nicht sehr gut harmonieren. Der eine wird den anderen als verschlampten Chaoten bzw. umgekehrt als Pedanten und Kontrollfreak wahrnehmen – keine gute Voraussetzung für erfolgreiche Teamarbeit. Wenn ein Mitarbeiter sehr viel Wert auf persönliche menschliche Beziehungen legt, sein Chef aber ganz und gar nicht, dann wird das für beide Beteiligten nicht lange gutgehen.

Und da sind zum anderen die angeborenen Motive, die uns unsere Arbeit als wichtig und erfüllend erscheinen lassen oder als entfremdet und langweilig. In jeder Arbeit gibt es aber nicht nur Beziehungen zu Menschen, sondern auch eine grundlegende Beziehung zur Arbeit selbst. Dabei spielt das Motiv Macht eine sehr wichtige Rolle für all jene, die in einem Konzern oder in der Politik aufsteigen und eine einflussreiche Rolle spielen wollen. Umgekehrt gibt es Menschen, die genau das nicht wollen und sich in einer normalen Sachbearbeitertätigkeit am wohlsten fühlen. Wer dagegen ein stark entwickeltes Bedürfnis nach Unabhängigkeit hat, wird die großen Konzerne mit ihren oft undurchsichtigen Hierarchien eher meiden und vermutlich als Freiberufler oder Kleinunternehmer sein Glück suchen. Menschen mit einem starken Bedürfnis nach Ordnung werden sich in einer Finanzabteilung oder in einer Verwaltung wohlfühlen, Menschen mit einem stark ausgeprägten Idealismus dagegen wohl eher in einer sozialen Tätigkeit.

Berufsneigungen korrelieren häufig mit den grundlegenden Motiven (nicht immer, denn es gibt durchaus Störfaktoren wie Familientraditionen oder verborgene Ängste). Wer auf der Suche nach einer neuen Aufgabe oder einem neuen Beruf ist, sollte sich deshalb erst über seine »inneren Antreiber« klarwerden. Wer mit seinen Lebensmotiven seine Berufswahl trifft, wird nie ganz danebenliegen und keine völlige Fehlentscheidung treffen. Reiss hält die an den Motiven ausgerichtete Auswahl des richtigen Berufs für ein wesentliches Element des persönlichen Lebensglücks. Nach Reiss haben viele Menschen das Bild im Hinterkopf, dass Arbeit grundsätzlich keinen Spaß machen darf. Damit machen sie sich überflüssigerweise das Leben schwer, indem »sie denken, dass Arbeit grundsätzlich unerfreulich ist und ihnen deshalb eine neue Arbeit ebenso wenig Spaß machen wird wie die alte« [Reiss 2009, S. 253]. Daher sein Appell: »Das Leben ist zu kurz, um es an einen Beruf oder eine Tätigkeit zu verschwenden, an der Sie keine Freude haben« [Reiss 2009, S. 253].

A.3   Transaktionen und Spiele nach Eric Berne

Neben den Reiss-Profilen offenbaren Eric Bernes »Spiele der Erwachsenen« für das Verständnis menschlichen Handelns interessante und weiterführende Aspekte, besonders was das Agieren von Menschen in sozialen Zusammenhängen betrifft.

Bernes gleichnamiges Buch war angelegt und gedacht für ein interessiertes und vorgebildetes Fachpublikum. Dass es dann jedoch ziemlich schnell eine überraschend große Verbreitung fand, spricht dafür, dass dieses Buch einen Nerv traf und bis heute einer großen Allgemeinheit etwas zu sagen hat.

A.3.1   Transaktionsanalyse

Berne entwickelte Ende der 60er-Jahre des 20. Jahrhunderts seine Theorie der sogenannten »Transaktionsanalyse«, die dabei behilflich sein soll, zwischenmenschliches Verhalten besser zu verstehen und zu steuern. Selbst Arzt und Psychiater, sah sich Berne ursprünglich in der Tradition der klassischen Psychoanalyse. Schließlich begann er aber, sich vom psychoanalytischen Begriffsgerüst zu lösen und beim Verständnis seiner Patienten auf die eigene Wahrnehmung und Intuition zu verlassen. Das führte ihn zur Entdeckung, dass in jedem Menschen ein »ego image« aus der Kindheit steckt, ebenso aber auch zwei erwachsene

Zustände, nämlich ein Erwachsenen-Ich (»adult ego state«) und ein Eltern-Ich (»parent ego state«).

Eric Berne beobachtete weiterhin, dass sich Menschen von einem Moment auf den anderen völlig zu verändern scheinen. Sie verändern dabei Sprache, Gesichtsausdruck, Haltung und Gesten. Er führte das darauf zurück, dass durch einen externen Stimulus eine Erinnerung an frühere Situationen ausgelöst wurde: »Wenn man als Kind von beispielsweise fünf Jahren etwas erlebt, ›speichert‹ man dieses Erlebnis ab. Gerät man später in eine Situation, wie man sie in diesen frühen Zeiten erlebt hat, so wirkt dies wie ein Stimulus für die ursprüngliche Situation und es ist ziemlich wahrscheinlich, dass man sich ähnlich oder gleich verhält wie damals« [Widmann & Seibt 2011, S. 66].

Bernes Beobachtungen führten ihn zu der Erkenntnis, dass Kommunikation gründlich schiefgehen kann, obwohl dies den Beteiligten selbst gar nicht auffällt. Wenn das Kind-Ich des einen zum Eltern-Ich des anderen spricht, führt die Kommunikation in immer wiederkehrende Sackgassen und zu Missverständnissen, obwohl keiner der Beteiligten die Kommunikation als solche als seltsam empfindet. So kann eine Ehefrau jahrelang aus dem Eltern-Ich heraus agieren und der Ehemann aus dem Kind-Ich, ohne dass beiden auffällt, wie verquer ihre Kommunikation und damit der Umgang miteinander eigentlich abläuft. Richtige und gesunde Kommunikation findet nach Berne zwischen den Erwachsenen-Ichs zweier Partner statt. Das Erwachsenen-Ich handelt vernunftbegabt und selbstreflexiv – es ist nicht ein Getriebener wie das Eltern-Ich oder das Kind-Ich.

A.3.2 Warum Erwachsene Spiele spielen

In seinem Buch »Spiele der Erwachsenen« vertritt Berne die These, dass Menschen die Neigung haben, ihr Privatleben als eine Aneinanderreihung von Spielsituationen zu leben. Jeder der Beteiligten profitiert von seinem Spiel und zieht daraus Energie und – manchmal – auch Anerkennung. Diese Spieltheorie beruht auf der Annahme, dass der Mensch von Kindheit an bis ins Erwachsenenalter hinein möglichst viele Streicheleinheiten »einheimsen« will. Die Streicheleinheiten der Erwachsenen heißen dann beispielsweise Anerkennung oder soziale Geborgenheit. Um diese Anerkennung zu erhalten, spielt der Mensch Spiele, eine immer wiederkehrende Folge von Aktionen, die auf verborgenen Motiven beruhen und dem Initiator des Spiels Vorteile und soziale Gewinne verschafft. Wenn man Menschen in ihren privaten Sozialleben beobachtet, dann »stellt man fest, dass ein Großteil der Sozialaktivität darin besteht, bestimmte Spiele zu spielen …« [Berne 1967, S. 22].

Nach Berne wird das soziale Spiel von festen Regeln bestimmt: »Das grundlegende Merkmal des menschlichen ›Spielens‹ ist nicht die Tatsache, dass die Emotionen nur Scheincharakter haben, sondern dass sie bestimmten Regeln unterworfen sind« [Berne 1967, S. 22].

A.3.3 Kindheits-Ich, Eltern-Ich, Erwachsenen-Ich

In den »Spielen der Erwachsenen« sieht Berne das Kindheits-Ich, das Erwachsenen-Ich und das Eltern-Ich als die im Hintergrund eigentlich Handelnden. Im Eltern-Ich und im Kindheits-Ich sieht Berne Ich-Zustände, »die bereits in früher Kindheit fixiert wurden und immer noch wirksam sind« [Berne 1967, S. 30].

Hier seine Definition der verschiedenen Ich-Zustände:

- Kindheits-Ich:

»Im Kindheits-Ich wohnen Intuition, Kreativität sowie spontane Antriebskraft und Freude« [Berne 1967, S. 34].

Äußere Ereignisse in den ersten Lebensjahren werden vom Kind als innere Ereignisse aufgezeichnet. Die Reaktion besteht in diesem Alter meist aus Gefühlen, entsprechend werden die Reaktionen auf die Ereignisse innerlich als Gefühle gespeichert. In jedem Erwachsenen steckt das Kindheits-Ich, er hat das Kindheits-Ich sozusagen »gespeichert«.

Für das Kindheits-Ich ist die Erfahrung der Hilflosigkeit die beherrschende Erfahrung. Menschen, die aus dem Kindheits-Ich heraus agieren, fühlen sich ständig angegriffen, was zu einer verzerrten Sicht der Realität führt. Dabei besteht das Kindheits-Ich aus mehreren Anteilen, nämlich dem »natürlichen Kind«, das ausgelassen, spontan und verspielt ist, dem »angepassten Kind«, das gehorsam und unterwürfig ist, sowie dem »rebellischen Kind«, das trotzig und patzig sein kann. Je nach Situation kann das hilflose Kind verschieden reagieren.

- Erwachsenen-Ich:

»Das Erwachsenen-Ich ist für die Nutzung der Überlebenschancen unentbehrlich. Es übermittelt Informationen und wertet die Möglichkeiten aus, die von essenzieller Bedeutung für eine erfolgreiche Bewältigung der Umwelt sind« [Berne 1967, S. 34].

Das Eltern-Ich beschafft sich aktiv Informationen. Reaktionen werden nicht einfach ausgelebt wie beim Kindheits-Ich oder beim Eltern-Ich, sondern Entscheidungen werden bewusst und aktiv getroffen.

- Eltern-Ich:
  »Das Eltern-Ich hat zwei Hauptfunktionen: Erstens ermöglicht es dem Individuum, als Elternteil tatsächlich vorhandener Kinder wirkungsvoll zu fungieren und so zum Überleben des Menschengeschlechts beizutragen. [...] Zweitens vollzieht sich ein Großteil der Reaktionen des Eltern-Ichs ganz automatisch, das bedeutet eine erhebliche Einsparung von Zeit und Energie. Viele Dinge werden getan, ›einfach weil man sie so tut‹« [Berne 1967, S. 35].

  Das Eltern-Ich ist eine Ansammlung von Befehlen und Verhaltensregeln, die an das Kind herangetragen werden. Da es noch nicht in der Lage ist, sich kritisch damit auseinanderzusetzen, werden die Verhaltensregeln ungeprüft übernommen und können später nicht mehr korrigiert werden. Auch »Begleiter« der Hauptbezugspersonen wie Großeltern oder Medien wie das Fernsehen können zu Bestandteilen des Eltern-Ichs werden. Menschen, die aus dem Eltern-Ich heraus agieren, versuchen stets eine Attitüde der Überlegenheit aufrechtzuerhalten und die schlechten Seiten des anderen zu sehen.

  Wie das Kindheits-Ich zeigt auch das Eltern-Ich verschiedene Erscheinungsformen. Neben dem kritisierenden Eltern-Ich (»Das hätte ich nicht von Ihnen erwartet ...«) steht ein fürsorgliches Eltern-Ich (»Das wird schon noch ...«).

Die Ich-Zustände sind scharf voneinander abgegrenzt und widersprechen sich häufig. Sie agieren wie autonome, aber weitgehend unbekannte Einheiten im Inneren eines Menschen. Wenn also Menschen miteinander agieren, nach Berne in »Transaktion« treten agieren die unterschiedlichen Ich-Zustände des einen Menschen mit denen des anderen. Nach der Theorie der Transaktionsanalyse ist eine Kommunikation komplementär, wenn Sie zwischen zwei gleichen Ich-Zuständen abläuft, also Kindheits-Ich zu Kindheits-Ich, Eltern-Ich zu Eltern-Ich oder Erwachsenen-Ich zu Erwachsenen-Ich. Wenn beispielsweise zwei Erwachsenen-Ichs miteinander in Transaktion treten, sind vernünftige Kommunikation und ein partnerschaftlicher Umgangsstil möglich. Die Abbildung zeigt, wie dabei eine geglückte Kommunikation verläuft: Zwei Erwachsenen-Ichs stehen sich gleichberechtigt gegenüber und kommunizieren »herrschaftsfrei« und ungestört von Emotionen.

Abb. A–2
Partnerschaftliche Kommunikation ist zwischen zwei Erwachsenen-Ichs möglich (nach Werner Stangl)

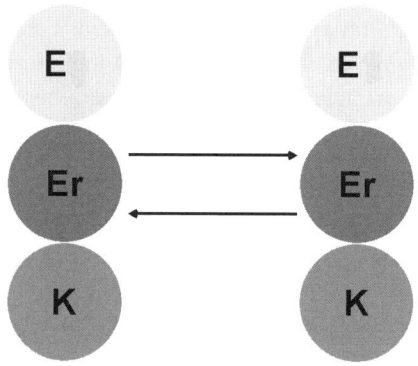

Wenn aber z. B. ein rebellisches Kindheits-Ich ein arrogantes Eltern-Ich anspricht, dann entsteht eine parallele Transaktion, die immer dann Probleme macht, sobald einer der Beteiligten seine Rolle nicht annehmen will. Wenn z. B. der Chef zu seiner Sekretärin sagt: »Ist der Brief immer noch nicht herausgegangen?«, kann sie entgegnen: »Ich kann auch nicht hexen« und damit die Rolle des unterwürfigen Kindes verweigern. Eine solche fehlgegangene Kommunikation (siehe Abb. A–3) kann sich schnell zu einem Konflikt aufschaukeln.

Die einzige Möglichkeit, aus dem Konflikt herauszukommen, besteht darin zu versuchen, die Transaktionen auf das Erwachsenen-Ich zu verschieben. So besteht die Möglichkeit, die destruktive Interaktion zu durchkreuzen, indem man mit dem Erwachsenen-Ich antwortet, obwohl man von einem Eltern-Ich oder einem Kindheits-Ich angesprochen wurde. So könnte die Sekretärin antworten: »Geht heute noch raus«, und damit dem beginnenden Konflikt durch die Antwort aus dem Erwachsenen-Ich die Spitze nehmen.

Abb. A–3
Gestörte Kommunikation zwischen Eltern-Ich, Kindheits-Ich und zwei Erwachsenen-Ichs (nach Werner Stangl)

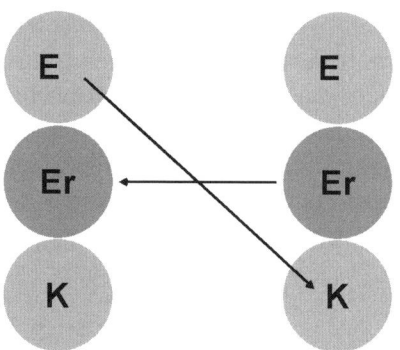

Um dauerhaft aus dem Erwachsenen-Ich heraus handeln zu können, ist ein langwieriger Prozess nötig: Es gilt sich der gespeicherten Ereignisse und Reaktionen im Kindheits-Ich und im Eltern-Ich bewusst zu werden und zu versuchen, nicht mehr aus den destruktiven Ich-Zuständen heraus zu handeln, sondern das Kindheits-Ich und das Eltern-Ich in das Erwachsenen-Ich zu integrieren.

Die Analyse der Transaktionen versucht die resultierenden Zustände zu deuten und zu verstehen: »Die einfache Transaktions-Analyse sucht zu ergründen, welcher Ich-Zustand den Transaktions-Stimulus ausgelöst hat und welcher die Reaktion auf diese Transaktion vollzogen hat« [Berne 1967, S. 36].

Neben diesen offenen Transaktionen gibt es nach Berne auch »verdeckte Transaktionen«. Bei diesen wird erst durch Tonfall, Mimik oder Körpersprache deutlich, welcher Ich-Zustand gerade handelt. So kann sich hinter einer ganz unauffälligen Bemerkung, die scheinbar das Erwachsenen-Ich macht, das trotzige Kind verbergen oder auch das arrogante Eltern-Ich.

Folgerungen:
Ursachen für Kommunikationsstörungen zwischen Erwachsenen liegen oft darin, dass die Interaktionen – offen oder verdeckt – nach dem Muster von Eltern-Ich/Kindheits-Ich-Transaktionen ablaufen.

- Diese Interaktionsmuster kann man bewusst abändern und durchkreuzen.
- Der Empfänger der Nachricht kann wählen, nicht einfach emotional zu reagieren, sondern von seinem Erwachsenen-Ich aus zu antworten und damit das Erwachsenen-Ich des Gesprächspartners anzusprechen.
- Im Berufsleben ist die Interaktion von Erwachsenen-Ich zu Erwachsenen-Ich die professionellste und zielführendste Form der Interaktion.

A.3.4 Gute Spiele, schlechte Spiele

Die Menschen begegnen sich nach Berne in sieben verschiedenen Arten von Spielen: Lebensspiele, Ehespiele, Partyspiele, Sexspiele, Räuberspiele, Doktorspiele, gute Spiele. Was das Spiel auszeichnet, ist der immer gleiche Ablauf verdeckter Transaktionen. Wie die Balztänze im Tierreich ein bestimmtes, in der gleichen Situation stets wiederkehrendes und vorhersehbares Verhalten aller Beteiligten voraussetzen, um funktionieren zu können, so laufen auch die Erwachsenenspiele ab: »Nach der gegenwärtig geltenden Auffassung besteht ein Ritual aus einer stereotypen Folge von einfachen Komplementär-Transaktionen, programmiert durch äußere Sozialfaktoren« [Berne 1967, S. 46].

Jedes Spiel führt zu einem vorhersagbaren Ergebnis und kann im Konflikt enden. Jeder Akteur bevorzugt dabei diejenigen Spiele, die er in der Kindheit erlernt hat, um sich gegen seine Familie durchzusetzen. Naturgemäß ist es für die betroffenen Akteure schwer, das Spiel als Spiel zu durchschauen. Trotzdem besteht die Aufgabe der Akteure darin, die Spielsituation zu durchschauen und entsprechende Ausstiegsstrategien zu entwickeln.

Als Beispiel sei hier das Erwachsenenspiel »WANJA« in Bernes Terminologie wiedergegeben, ein Lebensspiel der eher kranken Sorte:

> **WANJA »Warum nicht – ja, aber«**
>
> »Der agierende Urheber stellt ein Problem zur Diskussion. Die anderen Mitspieler präsentieren verschiedene Lösungsversuche, von denen jeder mit den Worten beginnt: ›Warum nicht …?‹ Auf jede dieser Fragen hat der Spieler mit Namen »Weiß« einen Einwand: ›Ja, aber …‹. Ein guter Spieler ist in der Lage, die Vorschläge der anderen auf unbegrenzte Zeit hinaus zu parieren; schließlich geben alle das Spiel auf und Weiß gewinnt« [Berne 1967, S. 156].
>
> Was ist nun der Sinn der ganzen Sache? Was hat Weiß von seinem bei Lichte betrachtet seltsamen Verhalten? Es ist ein Sich-Wehren gegen Beherrschung, das Vermeiden einer Kapitulation vor dem sich überlegen gerierenden Erwachsenen-Ich. Dazu Bernes Darstellung der agierenden Rollen und Ich-Zustände:
>
> | | |
> |---|---|
> | **Rollen:** | Hilflose Person, Ratgeber |
> | **Psychologisches Paradigma:** | Eltern-Ich/Kindheits-Ich |
> | **Eltern-Ich:** | »Ich kann dich dazu bringen, dass du mir für meine Hilfe dankbar bist.« |
> | **Kindheits-Ich:** | »Na, dann versuch's doch mal.« |

Das Kind handelt in diesem Fall tatsächlich »kindisch« (du kriegst mich nicht), das Erwachsenen-Ich hingegen will seine Überlegenheit herausstellen. Nach Berne ist eine Transaktion zwischen einem Eltern-Ich und einem Kindheits-Ich eine ungesunde Konstellation, weit weg von jeder Vernunftsteuerung. So führt dieses »Spiel« auch zu keinem Fortschritt, die beiden Agierenden ergehen sich vielmehr in einem ritualisierten Handlungszirkel ohne Ergebnis. Beiden kommt es in ihrer Argumentation auch nicht auf ein greifbares Ergebnis an, sondern darauf, ihre Ich-Zustände auszuleben. »WANJA« ist insofern ein Beispiel für eine leerlaufende Kommunikation. Die Beteiligten reden, ohne sich gegenseitig zu verstehen und ohne sich wirklich auszutauschen.

Im Gegensatz zur kranken Interaktion zwischen den Beteiligten im Spiel »WANJA« gibt es auch »gute Spiele«: »Gut wäre ein Spiel dann, wenn ein Spiel sowohl zum Wohlbefinden anderer Spieler beiträgt als auch zur Entfaltung desjenigen, der die Hauptrolle darin spielt« [Berne 1967, S. 225].

Beispiele solcher »guten Spiele« sind »Urlaub im Beruf«, Kavalier«, »Hilfreiche Hand« oder »Weiser Mann«. Stellvertretend sei davon »Kavalier« hier kurz dargestellt.

Gute Spiele: »Kavalier«	
Ziel:	Gegenseitige Bewunderung
Rollen:	Dichter, einfühlsame Bewunderin
Sozialparadigma:	Erwachsenen-Ich/Erwachsenen-Ich
Nutzeffekte:	Biologisch: gegenseitiges Streicheln
Existenziell:	»Ich kann mein Leben mit Charme und Anstand führen.«

Im diesem Spiel führt der »Kavalier« eine Frau aus und überhäuft sie mit Komplimenten. Sie fühlt sich respektiert und zollt dem »Kavalier« ihrerseits Anerkennung und Respekt. Der Effekt ist eine Win-win-Situation: Beide Beteiligten haben etwas von der Interaktion und profitieren von der Situation – gerade auch weil sie wissen, dass sie ein Spiel miteinander spielen. Die beiden Erwachsenen-Ichs können sich im Fall dieses guten Spiels emotional unterstützen, ohne sich zu verletzen.

A.3.5 Praktische Anwendungen von Bernes Spieltheorie

Berechtigterweise darf man fragen, was die Kenntnis solcher »Spiele der Erwachsenen« für das Projektleben bringen soll. Da ist zunächst einmal der Aha-Effekt. Wer die »Spiele der Erwachsenen« kennenlernt, sieht sich immer wieder mit dem Gedanken konfrontiert, das habe er doch auch schon mal erlebt. Dies gibt das beruhigende Gefühl, dass fehlgeleitete Kommunikation nicht der Makel eines bestimmten Projekts oder einer einzelnen Firma oder Branche ist, sondern immer und überall vorkommt, wo Menschen interagieren. Sie wollen vielleicht keine rationale Lösung, sondern in erster Linie sich selbst darstellen, einem Konflikt ausweichen, Macht zeigen und Unterwerfung einfordern, oder sie haben noch andere Motive.

Berne konfrontiert uns mit der Tatsache, dass Kommunikation schiefgehen kann und Menschen in bestimmten Situationen in ritualisierte Abläufe verfallen, sodass in den Ablauf der Spiele mit Argumenten und von der Vernunft gesteuerten Einwänden nicht eingegriffen werden kann. Wenn das Spiel erst einmal begonnen hat, ist es nicht mehr zu stoppen – es hört nur auf, wenn einer der Beteiligten aussteigt.

Die Transaktionsanalyse und Bernes Erklärungskonzept der Erwachsenenspiele mögen nicht mehr ganz taufrisch sein, aber die Spieltheorie hat sich als tragfähiges Beschreibungsmuster für die zwischenmenschlichen Abläufe in Organisationen erwiesen. So benennt z. B. der Organisationstheoretiker Henry Mintzberg in seiner Studie über die Struktur von Organisationen 13 häufig dort auftretende Spiele: Widerstands-Spiel, Konterrevolutionäre Spiele, Sponsor-Protegé-Spiel, Bündnis-Spiel, Reichsgründungs-Spiel, Budget-Spiel, Expertise-Spiel, Dominanz-Spiel, Linie-gegen-Stab-Spiel, Rivalisierende-Lager-Spiel, Strategische-Kandidaten-Spiel, Verpfeifen-Spiel, Jungtürken-Spiel (nach [Nerdinger, Blickle & Schaper 2008, S. 66]).

Bei Mintzbergs Spielen geht es allerdings weniger um die Erlangung persönlicher Streicheleinheiten – wie bei Berne – als vielmehr um Macht und Einfluss in einer Organisation. Dennoch bleibt der Charakter des Spiels als regelgeleitete, vorhersehbare soziale Verhaltensweise auch beim Spiel um Macht und Einfluss erhalten.

> **Folgerungen:**
> Wer Spiele als Spiele erkennt, ist anderen gegenüber klar im Vorteil, denn er kann sich dem **manipulativen und destruktiven Einfluss** des Spiels entziehen. Er kann sich vorstellen, was die Beteiligten antreibt, und ihr Verhalten (in Maßen) vorhersehen. Dann bleibt »nur« noch die Aufgabe, aus dem Spiel rechtzeitig auszusteigen – oder sich gar nicht erst hineinziehen zu lassen.

A.4 Tuckmans Phasenmodell der Teambildung

Der amerikanische Psychologe und Organisationsberater Bruce Tuckman entwickelte 1965 ein Phasenmodell für Gruppenentwicklungen, das seither immer wieder als allgemeines Modell für die Entwicklung von Teams dient. Nach Tuckman entwickelt sich ein Team in fünf Phasen:

- Orientierungsphase (Forming)
- Konfrontationsphase (Storming)
- Kooperationsphase (Norming)
- Wachstumsphase (Performing)
- Auflösungsphase (Adjourning)

In der **Orientierungsphase** geht es um ein erstes Kennenlernen, während in der wichtigen **Konfrontationsphase** die Teammitglieder sich selbst darstellen und die Gruppen- und Aufgabenrollen untereinander auskämpfen.

In der **Kooperationsphase** steht dagegen das »Wir« im Vordergrund, das Team hat zu einer soliden Arbeitsbasis gefunden.

In der **Wachstumsphase** zeigt das Team dann seine besondere Leistungsfähigkeit und erzielt Ergebnisse, die eine Gruppe von Einzelkämpfern so nicht fertigbringen würde; hier ist das Team produktiver als die Einzelindividuen. In dieser Phase ist das Team am produktivsten und jedes Management hat ein Interesse daran, diese Phase möglichst weit auszudehnen.

In dieser Performing-Phase steigt das Selbstwertgefühl der Teammitglieder, gleichzeitig sind alle Beteiligten hoch motiviert. In der **Auflösungsphase** rücken die Teammitglieder schließlich wieder voneinander ab, das Team löst sich auf in eine Gruppe von Einzelindividuen ohne »Teamgeist«. (Für nähere Erläuterungen hierzu siehe [Stahl 2002].)

Tuckmans Modell ist eine grobe Beschreibung der Vorgänge, die auftreten können, wenn sich ein Team neu bildet. Nicht jede der beschriebenen Phasen muss in jedem Team erreicht oder durchschritten werden. So gibt es Teams, die nie eine Konfrontationsphase durchmachen, oder andere, die nie den Zustand des »Performing« erreichen.

A.5 Die neun Eskalationsstufen des Konflikts nach Friedrich Glasl

Die neun Eskalationsstufen zeigen, wohin sich ein Konflikt entwickeln kann, aber nicht muss. Nach Glasl können bei der zunehmenden Eskalation von Konflikten enorm starke, irrationale destruktive Kräfte freigesetzt werden: »Unbewusst verfügen wir über ein negatives Kraftpotenzial, das uns zu unmenschlichen Taten befähigt. Die Geschichtsbücher zeugen deutlich von diesen verhängnisvollen Urinstinkten. [...] Im Konflikt gehen Menschen in die tiefsten Regionen des Infernos, der Unterwelt, wie sie oft in Epen wie Dantes ›Göttlicher Komödie‹ oder in Mythen und Sagen geschildert werden« [Glasl 2008, S. 122].

- **Eskalationsstufe 1:**
  Verhärtung, Verkrampfung und Kommunikationsstörungen zeichnen die erste Stufe der Eskalation aus. Es besteht zwar noch die Fähigkeit zum Dialog und zum Verständnis für die Gegenpartei, aber mehr und mehr kristallisieren sich unterschiedliche Standpunkte aus.

- **Eskalationsstufe 2:**
  Argumente und Gegenargumente werden kaum noch wahrgenommen. Das Denken, Fühlen und Reden der beiden Konfliktparteien wird immer extremer, die Auseinandersetzung immer mechanistischer und unkreativer.

- **Eskalationsstufe 3:**
Die Kommunikation landet immer häufiger in Sackgassen, die Parteien schotten sich mehr und mehr voneinander ab. Die Fähigkeit zur Einfühlung in die andere Partei nimmt drastisch ab.

- **Eskalationsstufe 4:**
Klischees und Stereotypen bestimmen das Denken der Konfliktparteien übereinander. Die Kernpersönlichkeiten jeder Partei versuchen, möglichst viele Anhänger außerhalb des eigenen Standpunktes zu gewinnen. Sticheleien beginnen, das Reizen des Gegners nimmt seinen Anfang.

- **Eskalationsstufe 5:**
Eine Partei glaubt die wahren heimtückischen Absichten der anderen Partei jetzt wahrgenommen und entlarvt zu haben. Der Glaube an die moralische Integrität des Gegners geht verloren. Die Gegenpartei wird öffentlich angegriffen und beleidigt.

- **Eskalationsstufe 6:**
Eine Partei droht der anderen, die Gegenpartei antwortet mit einer Gegendrohung. Ultimaten werden gestellt. Der Konflikt beschleunigt sich.

- **Eskalationsstufe 7:**
Den Konfliktparteien ist klar, dass es nichts mehr zu gewinnen gibt. Die Gegner werden mehr und mehr als Dinge und nicht mehr als Menschen wahrgenommen. Lüge und List kommen zum Einsatz, ein Verlust des Gegners wird als Gewinn gewertet.

- **Eskalationsstufe 8:**
Im Vordergrund steht die gänzliche Zerstörung des Gegners, psychisch, wirtschaftlich, sozial, geistig und moralisch. Vitale Funktionen des Gegners werden bekämpft und nach Möglichkeit lahmgelegt.

- **Eskalationsstufe 9:**
Diese Stufe trägt bei Glasl auch den bezeichnenden Namen »Gemeinsam in den Abgrund«, was das dahinter stehende Vorgehen bildhaft zusammenfasst. Es gibt keinen Weg mehr zurück, es geht um die endgültige Vernichtung des Gegners. Keine Mittel wird gescheut, die eigene Vernichtung billigend in Kauf genommen – der eigene Untergang kann sogar als Triumph empfunden werden, wenn nur der Gegner ebenfalls untergeht.

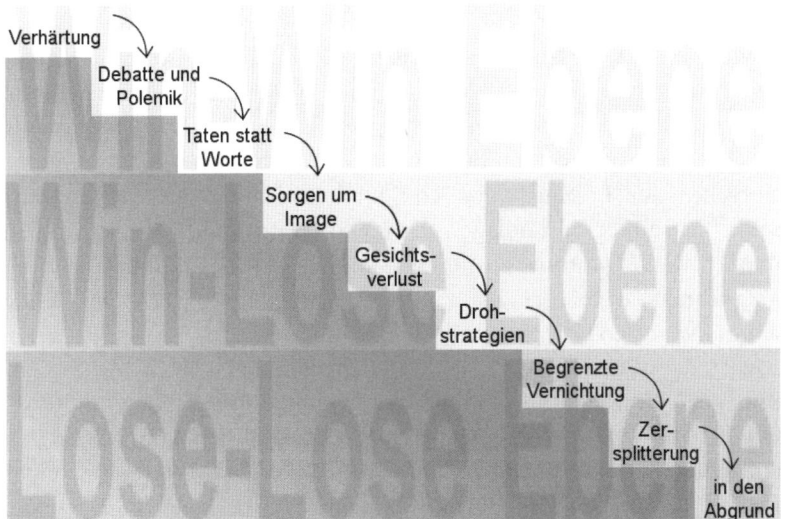

Abb. A-4
Die Eskalationsspirale nach Friedrich Glasl

So vernichtend und gleichzeitig einleuchtend die Eskalationsspirale auch wirken mag, sie besitzt dennoch keinen eingebauten Automatismus. Jede Konfliktpartei hat es selbst in der Hand, ob sie zur nächsten Konfliktstufe übergehen will – oder eben nicht. Jede Partei und jede Person kann sich neu besinnen und dem Konflikt ein Ende setzen. So mächtig die Emotionen im Konflikt auch sein mögen, man kann die Warnsignale dennoch beachten und muss sich nicht von den aufkommenden Leidenschaften überwältigen lassen. Der Schritt zur nächsten Eskalationsstufe ist nicht zuletzt eine Frage der eigenen Entscheidung: »In der Tat haben wir es bei zunehmender Eskalation mit gewaltigen Kräften zu tun. Wir sind ihnen jedoch nicht willenlos ausgeliefert, sondern können grundsätzlich an jeder Schwelle zur Besinnung kommen und unserem Tun ein Ende setzen« [Glasl 2008, S. 119].

A.6 Techniken der Konfliktbewältigung in Unternehmen

Unternehmen – und ganz besonders Großunternehmen – verfügen gewöhnlich über ein breites Arsenal an Instrumenten und Prozessen, um aufkommende oder bereits bestehende Konflikte zu klären und aufzulösen. Hinter diesem Angebot an Möglichkeiten steckt die Erkenntnis, dass Konflikte für ein Unternehmen sehr schnell sehr teuer werden können. Je schneller und je früher sie aufgelöst werden können, umso besser für das Unternehmen und für alle Beteiligten.

A.6.1 Mediation

Sowohl im Griechischen wie auch im Lateinischen bedeutet »Mediation« zunächst »Mitte«. Verstanden wird unter Mediation die neutrale und parteiübergreifende Vermittlung zwischen zwei Konfliktparteien. Im Konfliktmanagement bezeichnet »Mediation« ein strukturiertes Vorgehen zur Lösung eines Konflikts. Mediation funktioniert ausschließlich auf der Grundlage von Freiwilligkeit: Beide Konfliktparteien müssen der Mediation zustimmen und die dabei gefundene Lösung anerkennen. Unter der Leitung eines »Mediators« versuchen beide Konfliktparteien eine gemeinsame Lösung zu finden, die beiden Seiten soweit als möglich gerecht wird. Der Mediator überwacht die Einhaltung des Verfahrens, die Kommunikations- und Verhandlungsprozesse, er trifft aber selbst keine Entscheidungen. Die beiden Konfliktparteien tragen letztlich die Verantwortung dafür, dass das Verfahren zu einer Lösung führt. »Sturstellen« hilft keinem der beiden Beteiligten, ohne ein gewisses Maß an Kompromissbereitschaft auf beiden Seiten kann Mediation nicht funktionieren.

Neben Freiwilligkeit und Eigenverantwortlichkeit gehören zur Mediation Informiertheit (Entscheidungen werden auf der Basis von Informationen getroffen, die allen Beteiligten bekannt sind), Vertraulichkeit und Ergebnisoffenheit, d.h., die Beteiligten sind offen für neue, kreative Lösungen. Auch die Möglichkeit, das Verfahren nach Belieben verlassen zu können, gehört zur Mediation. Ein Mediationsverfahren durchzuführen ist immer dann sinnvoll, wenn

- Gespräche zwischen den Konfliktparteien nicht oder nur schwer möglich sind.
- die Parteien an einer einheitlichen Konfliktlösung interessiert sind.
- das Ergebnis vermutlich ein komplexer Kompromiss zwischen den Parteien sein wird.

Inzwischen hat die Mediation in Deutschland sogar die Ebene der Gesetzgebung erreicht. Am 10. Februar 2012 beschloss der Bundesrat das »Gesetz zur Förderung der Mediation und anderer Verfahren der außergerichtlichen Konfliktbeilegung« (MediationsG). Das Gesetz will die Mediation auf eine einheitliche Gesetzesgrundlage stellen und regelt u.a. Fragen der Verjährung einer Mediation, die Verschwiegenheitspflicht der Mediatoren und die Vollstreckbarkeit der Mediationsergebnisse. Das Mediationsgesetz gilt für alle Mediatoren und Mediatorinnen, auch für richterliche. Es versucht auf längere Sicht eine »Mediationskultur« zu etablieren, ein Vorhaben, das allerdings nicht auf allgemeine Zustimmung stößt. Kritiker der Mediation sehen in dieser eine Methode der Konfliktverschleppung, in deren Folge Konflikte nicht mehr an der Wurzel gepackt und gelöst werden. So kritisiert der Managementtrainer und Coach Bernd-Wolfgang Lubbers die in seinen Augen übertriebene Harmonisierungstendenz der Mediation: »Die Mediation ist also für die Konfliktlösung im intelligenten Team keine Ideallösung, weil ihr Konzept allzu sehr darauf angelegt ist, Konflikte zu harmonisieren – nicht zuletzt, weil sie zumeist von einem externen Mediator durchgeführt wird, der natürlich ein Interesse daran hat, unbedingt zur Konfliktlösung zu gelangen« [Lubbers 2005, S. 73].

Ob Kooperation anstelle von Konfrontation immer der bessere Weg ist, sei dahingestellt. Eine zu schnell durchgeführte Mediation, bei der der eigentliche Grundkonflikt nicht wirklich auf den Tisch gekommen ist, kann tatsächlich dazu führen, dass Konflikte lediglich »zugekleistert« werden, die eigentliche Ursache weiterhin bestehen bleibt und so der Konflikt durch das Mediationsverfahren nicht nachhaltig beseitigt wurde.

Mediation hat in Kreisen der Wirtschaft und der öffentlichen Verwaltung einen guten Ruf. Bei einer gelungenen Mediation kann eine schnelle, flexible und kostengünstigen Konfliktlösung das Ergebnis sein. Während Konfliktlösungen über ein Gerichtsverfahren zu bösen Überraschungen und hohen Kosten führen können, geht man davon aus, dass bei der Mediation die eigenen Interessen hinreichend berücksichtigt werden. Mediation bewährt sich u. a. dann, wenn sich z. B. zwei Abteilungen gegenseitig blockieren und der Konflikt mit den üblichen Managementmethoden nicht mehr zu lösen ist. Im Bereich Projektmanagement/Testmanagement ist die »Kultur der Mediation« noch nicht sehr weit gediehen, geeignete Mediatoren stehen in den Firmen nur in Ausnahmefällen zur Verfügung. Der deutsche Ableger des deutschen IT Service Management Forum (itSMF) hat vor einigen Jahren einen Arbeitskreis »Mediation und Veränderungsmanagement« gegründet, der sich um Mediation im Projektbereich bemüht und auch entsprechende Mediatoren ausbildet.

In die Richtung einer Mediation geht auch die »Gütesitzung«, die obligatorische erste Verhandlung, in der oft mithilfe des Richters ein Verhandlungserfolg erzielt werden kann. Sie kann die letzte Chance zu einer friedlichen Lösung für einen Konflikt sein.

A.6.2 Passive Konfliktvermeidung

Bei der passiven Konfliktvermeidung wird das Problem ausgesessen, ignoriert oder weggeredet. Das klingt im ersten Moment ganz übel nach Sich-Drücken, nach (feigem) Davonlaufen vor der vielleicht notwendigen Auseinandersetzung. Die passive Konfliktvermeidung hat zweifellos den Nachteil, dass man im Normalfall den Konflikt nicht löst, da seine Ursachen weder freigelegt noch beseitigt werden können. Wegen der geringen Lösungseffizienz und wegen des Feigheitsvorwurfs hat die passive Konfliktvermeidung einen schlechten Ruf. Doch ganz so simpel ist es nicht. Die Strategie der Konfliktvermeidung kann durchaus richtig sein, und zwar wenn

- der sich Streit um unwichtige Kleinigkeiten dreht,
- keine Chance auf eine Lösung des Konflikts besteht,
- der Streitpunkt unlösbar ist,
- der Streit zu Belastungen führt, die eine mögliche positive Streitlösung überwiegen.

So kann die passive Konfliktvermeidung durchaus nützlich sein, um nutzlose und unproduktive Konflikte zu vermeiden. Für die Lösung tiefgehender, festsitzender Konflikte ist sie jedoch nicht hilfreich.

A.6.3 Klärendes Gespräch

Auch große Konflikte haben einmal klein angefangen. Das gilt besonders für Beziehungskonflikte, die einfache Missverständnisse, Überempfindlichkeiten oder Vorurteile als Grund haben können. Ein klärendes Gespräch mit einem neutralen Dritten (Mitarbeiter, Führungskraft, Betriebsrat) hilft häufig, wieder sachlich zu werden und den Konflikt konstruktiv anzugehen. Klärungsgespräche sind ein sehr effizientes Mittel zur Konfliktlösung, besonders wenn sie zu einem frühen Zeitpunkt geführt werden, an dem die Fronten noch nicht verhärtet sind.

Ein Klärungsgespräch sollte allerdings wenigstens die folgenden Punkte berücksichtigen, wenn es zum Erfolg führen soll:

- Das Gespräch ist nur sinnvoll, wenn beide Konfliktparteien an einer Lösung interessiert sind.
- Beide Parteien müssen in der Lage sein, einander zuzuhören (ohne zuzustimmen!)
- Eine Win-win-Situation für beide Beteiligte sollte angestrebt werden.
- Inhalt des Gesprächs dürfen keine gegenseitigen Schuldzuweisungen und keine Bewältigung der Vergangenheit sein.
- Versuche, die jeweils andere Partei zu ändern, werden zu keinem Ergebnis führen.

Ziel des klärenden Gesprächs ist keine immerwährende Harmonie zwischen den streitenden Parteien. Es kommt vielmehr darauf an, einen Konsens zu finden, der eine künftige Zusammenarbeit möglich macht. Die damit erreichte Lösung bietet den Konfliktparteien im positiven Fall eine emotionale Erleichterung und die Möglichkeit, ohne Gesichtsverlust weiter miteinander zu arbeiten.

Tipps für Klärungsgespräche:

Vorbereitung
Wer ein Klärungsgespräch führen will – egal ob als Vorgesetzter, Betriebsrat oder Betroffener –, sollte dieses vorbereiten. Dazu gehört, sich klarzumachen, was im besten Fall zu erreichen ist, was man im Durchschnitt erreichen will und was man auf keinen Fall akzeptieren kann.
 Nur wer ein klares Ziel vor Augen hat, kann ein Gespräch »führen«, rechtzeitig eingreifen, wenn das Gespräch in eine falsche Richtung läuft, und feststellen, ob er sich seinen Zielen wirklich nähert.

Den Gesprächspartner ernst nehmen
Klärungsgespräche funktionieren erfahrungsgemäß dann am besten, wenn sie in einer partnerschaftlichen Atmosphäre geführt werden. Menschen haben ein sehr feines Empfinden dafür, ob man sie ernst nimmt, ob man sie als Opfer oder als überlegen sieht. Mag man mit Worten auch täuschen können, die Mimik, Körpersprache, Tonfall, Stimmlage und Wortwahl lassen sich nur schwer kontrollieren. Wer ein wirkliches Gespräch führen und nicht nur Belehrungen geben will, muss den Gegenüber wirklich als Partner verstehen. Nur dann wird er von diesem auch wichtige Informationen erhalten.

Zuhören vor Argumentieren
Nach Stephen Covey wird ein Gespräch dann besonders effektiv, wenn wir uns zunächst bemühen, den anderen zu verstehen, bevor wir ihn mit unseren eigenen Argumenten zuschütten. Hilfreich kann dabei sein, die Ansichten des Gegenübers zu »spiegeln« (etwa: »Wenn ich Sie richtig verstanden habe, dann meinen Sie ...«). Nur wer den anderen versteht, kann seine eigenen Argumente gezielt anbringen. Das Beharren auf der eigenen Meinung erweckt beim Gegenüber Abwehrkräfte und führt in einem Klärungsgespräch zu keiner Lösung.

Vielredner ausbremsen
Vielredner können »Gesprächskiller« sein. Wer den anderen totredet, will damit häufig seinen Mangel an zugkräftigen Argumenten kaschieren (manche Politiker wenden diese Methode sehr effektiv an). Nach 30 Sekunden Zuhören schalten die meisten Menschen ohnehin ab. Wie man Vielredner ausbremsen kann, zeigt jede Talkshow, etwa indem man z.B. sagt: »Lassen Sie mich das zusammenfassen ...«, oder: »Hierzu fällt mir gerade ein ...«.

Selbst kurzfassen
Die eben erwähnten 30 Sekunden gelten natürlich auch für die eigene Rede. Man sollte sich klarmachen, dass nach 30 Sekunden die Aufmerksamkeit des Gegenübers gegen null geht. Dies kann man ebenfalls in Talkshows und Politikerrunden gut beobachten. Wer sich kurzfasst, hat umso bessere Chancen verstanden zu werden.

> *Fragen stellen*
> Wo es auf gegenseitiges Verständnis ankommt, ist es meistens gut, viele Fragen zu stellen. Zum einen sind Fragen wichtig, falls man den Gesprächspartner nicht oder nur teilweise verstanden hat. Nachfragen sind keine Schande, sondern zeigen vielmehr ehrliches Interesse am Gesprächspartner und seinen Anliegen.
> Fragen können über das reine Verständnis hinaus aber auch eine Möglichkeit sein, ein Gespräch zu lenken (auch »direktive Gesprächsführung« genannt). Offene Fragen (Warum? Wie? Was? Wieso? Weshalb?) zeigen Gesprächsbereitschaft und Empathie und sorgen für eine gute Gesprächsatmosphäre. Warum-Fragen können sehr nützlich sein, um Killerargumente à la »Wie wir alle wissen ...« mit der Frage »Warum meinen Sie, dass das alle wissen?« zu entkräften.

A.6.4 Coaching

Beim Coaching hilft ein unabhängiger Berater oder der Coach einer Person dabei, an den eigenen Inhalten in eigener Verantwortung zu arbeiten. Der Coach gibt keine Regeln vor. Es geht beim Coaching vielmehr um die Thematisierung des Konflikts und um die Begleitung bei der Verwirklichung einer Lösungsstrategie. Innerpsychische Belange werden mehr betont als bei der Mediation, bei der es in erster Linie um Sachinhalte geht. Coaching hat die Weiterentwicklung (evtl. Neupositionierung) einer Person zum Inhalt.

Coaching ist ein Verfahren, das schon allein wegen der entstehenden Kosten und des damit verbundenen Aufwands, hauptsächlich von Führungskräften genutzt wird. Führungskräfte sind ebenso wie andere Mitarbeiter von Konflikten oft emotional betroffen und handeln häufig ohne weiterführendes Konzept »aus dem Bauch heraus«. Manche Führungskräfte neigen dazu, bestehende Konflikte wegzureden und zu übersehen oder mit brachialen Machtdemonstrationen zu reagieren. Beide Vorgehensweisen sind letztlich kontraproduktiv und lösen den Konflikt nicht, d. h., es kommt zu keiner für beide Teile befriedigenden Lösung »auf höherer Ebene«. Führungskräfte sollten jedoch in der Lage sein, Konflikte auszuhalten und durchzustehen, und nicht die Problemlösung auf externe Berater abwälzen. Ein Coach kann sehr nützlich dabei sein, die oft multikausalen Ursachen eines Konflikts mit seinem Klienten zu analysieren und Möglichkeiten zur Veränderung aufzuzeigen.

Konflikt-Coaching ist jedoch keine Mediation. Während bei dieser beide Konfliktparteien berücksichtigt werden, liegt der Fokus im Coaching darauf, dass der Coach seinem Klienten jene Hilfestellungen und Lösungsmöglichkeiten an die Hand gibt, die dieser bei der Suche nach einer Win-win-Situation für beide Beteiligten benötigt. Weitere Aufgaben des Coachs können darin bestehen, seinem Klienten ein Drehbuch für Verhandlungen an die Hand zu geben, ungünstige Vereinbarungen zu durchschauen und entsprechend zu warnen sowie gemeinsam seinem Klienten Strategien der Konfliktprophylaxe auszuarbeiten.

Ein Coach sollte aber auch nicht als Berater fungieren. Zur Idee des Coachings gehört, dass der Klient im Grunde selbst weiß, was für ihn das Beste ist. Die Aufgabe des Coachs besteht darin, das vorhandene Wissen um das beste Vorgehen aus seinem Klienten »herauszuholen« und es entsprechend zu strukturieren. Es ist nicht die Aufgabe des Coachs, gute Ratschläge und Handlungsanweisungen zu verteilen.

> **Wie man den richtigen Coach findet**
>
> Wer sich tatsächlich coachen lassen will, tut gut daran, seinen Coach sorgfältig auszuwählen. Dabei muss man wissen, dass »Coach« kein geschützter Beruf ist. Jeder darf sich Coach nennen. Die Aussagekraft der verschiedenen Zertifikate für Coaches ist für den Laien undurchsichtig und kein wirkliches Qualitätskriterium. Darum sollte man auf der Suche nach einem Coach
>
> - mehrere Angebote einholen,
> - sich möglichst Referenzen geben lassen,
> - sich einen Coach suchen, mit dem man persönlich gut auskommt (die »Chemie« muss stimmen),
> - den Coach in spe fragen, wie er vorgehen will und wie das Coaching strukturiert sein wird,
> - eine erste Kennenlernstunde vereinbaren, die dem gegenseitigen Kennenlernen dienen und kostenfrei sein sollte,
> - nach der beruflichen Erfahrung des Coachs fragen. Ein guter Coach sollte interdisziplinäre Erfahrungen haben und sich in betrieblichen wie auch psychologischen Belangen auskennen.
> - Auch die Altersstruktur sollte stimmen. Junge Coaches coachen besser jüngere Leute, ältere Coaches ältere.

A.6.5 Konfliktmoderation

Bei der Konfliktmoderation geht es darum, den Umgang der Parteien miteinander zu regulieren und Fairness zu garantieren. Der Moderator achtet auf ein positives Gesprächsklima, steuert die Diskussion, hilft bei Verständnisproblemen, spiegelt Konsens und Dissens, gibt Raum für Kritik und Gegenkritik und verhindert Beleidigungen. Die Moderation ist ergebnisoffen.

Im Prinzip funktioniert die Konfliktmoderation wie das vorher beschriebene »klärende Gespräch«. Der Unterschied liegt jedoch darin, dass das Gespräch von einem Moderator gelenkt wird, der für eine gewisse Struktur im Ablauf sorgt. Die beiden Parteien klären zusammen mit dem Moderator das Thema, die Konfliktursachen, stellen die Sichtweisen und Emotionen der Beteiligten sowie mögliche Lösungsansätze dar. Die Konfliktmoderation arbeitet mit ähnlichen Strukturen wie die Mediation und kann insofern als Vorstufe zu einem solchen gesehen werden, welches dann wesentlich aufwendiger und tiefgehender ist. Wenn die Konfliktmoderation sichtlich keine Ergebnisse hervorbringt, kann ein Mediationsverfahren die nächste Stufe der Konfliktbereinigung sein.

Vorgehen bei einer Konfliktmoderation
- Neutralen Moderator auswählen
- Gesprächsteilnehmer festlegen
- Termine vereinbaren
- Momentane Situation klären
- Thema konkret erfassen
- Die verschiedenen Sichtweisen herausarbeiten
- Lösungsmöglichkeiten aufzeigen und bewerten
- Verbindlichen Aktionsplan festlegen

A.6.6 Schiedsverfahren

Bei Schiedsverfahren wird der Konflikt durch – eine oder mehrere – dritte Person(en) entschieden. Es geht weniger darum, dass die Konfliktparteien eine eigene Lösung finden, als darum, dass sie eine von außen kommende Fremdlösung akzeptieren. In einem Schiedsverfahren soll ein geordnetes Verfahren eine (noch) außergerichtliche Lösung eines Konflikts herbeiführen. Das Schiedsverfahren ist eine Art privates Gericht, über dessen Vorgehen und Zusammensetzung sich zwei Parteien in einem Vertrag, der sogenannten Schiedsvereinbarung, einigen. Die Schiedsvereinbarung legt u.a. fest, wie die jeweilgen Schiedsrichter bestimmt werden.

Die Konfliktparteien können die Lösung, die ein Schiedsverfahren erbringt, auch ablehnen – was bei einem gerichtlichen Verfahren bekanntlich nicht möglich ist. Dabei finden sich für das Schiedsverfahren vielerlei Erscheinungsformen: Es gibt Schiedsstellen und Gütestellen sowie rein private Schiedsgerichte, daneben aber auch öffentliche Schlichtungsstellen, die oft von Vereinen oder Verbänden eingerichtet werden. Deren Aufgabe besteht darin, bestimmte branchentypische

Streitigkeiten zu lösen. Anders als Gerichtsverfahren sind Schiedsverfahren gewöhnlich nichtöffentlich. Während Gerichte vor allem nach geschriebenem Recht urteilen, geht es bei den Schiedsverfahren in erster Linie nach Billigkeit, d.h. nach dem natürlichen Empfinden, was recht ist und was unrecht.

Das Schiedsverfahren endet gewöhnlich mit einem Schiedsspruch. Der enthält die Vereinbarung, die zwischen den Konfliktparteien getroffen wurde, und ist verbindlich, gerichtlich einklagbar und vollstreckbar.

A.6.7 Schlichtung

Die Schlichtung findet im Rahmen einer außergerichtlichen Schlichtungsverhandlung statt. Eine Drittperson (der Schlichter) unterbreitet eigene Lösungen und fällt evtl. einen Schlichtungsspruch, dem sich die Konfliktparteien unterwerfen können, aber nicht müssen. Schlichter machen sich u.a. in Einzelgesprächen mit den Konfliktparteien ein Bild von der Lösung.

Schlichtungsverfahren sind ein fester Bestandteil der bestehenden Rechtsordnung. Beispielsweise unterscheidet das bayerische Schlichtungsgesetz zwischen einer obligatorischen und einer freiwilligen Schlichtung. In bestimmten Fällen, z.B. bei nachbarlichen Streitigkeiten, bei Verletzungen der persönlichen Ehre, bei Ansprüchen aus dem Gleichbehandlungsgesetz und bestimmten vermögensrechtlichen Streitigkeiten darf ohne vorhergehende Schlichtung keine Klage erhoben werden. Vor der Klage muss der Versuch unternommen werden, den Konflikt mithilfe einer staatlich anerkannten Schlichtungsstelle gütlich beizulegen. Die Schlichtung endet mit einem Schlichtungszeugnis oder einer Vereinbarung zur Konfliktbeilegung. Aus einer Schlichtung kann eine Zwangsvollstreckung erfolgen.

Was für die obligatorische Schlichtung gilt, gilt auch für die freiwillige Schlichtung, diese ist jedoch nicht die Voraussetzung für ein späteres Verfahren. Die freiwillige Schlichtung kann vom Schlichtungsgespräch bis zur Mediation reichen, je nach Zielrichtung der Parteien. Sie endet ebenfalls mit einem Schlichtungszeugnis oder einer Vereinbarung und kann vollstreckt werden. Freiwillige Schlichtungen werden von staatlich anerkannten Gütestellen durchgeführt, die Schlichter sind häufig hierfür spezialisierte Rechtsanwälte.

A.6.8 Ombudsleute, Ombudsrat

Ombudsleute sind im Betrieb bestellte Personen, die beratend tätig werden. Es handelt sich bei ihnen um Konfliktexperten, die auch – bei entsprechender Vorbildung – als Moderatoren oder Mediatoren eingesetzt werden können.

Ein Ombudsmann ist eine unparteiische Schiedsperson. Ein Ombudsrat ist ein unparteiisches Gremium, das die Aufgaben eines Ombudsmannes wahrnimmt. Die Tätigkeit eines Ombudsmannes wird oft ehrenamtlich ausgeübt. Ein Ombudsmann sollte beide Parteien hören, den Konflikt unabhängig betrachten, Kosten und Aufwand abschätzen und schließlich eine Lösung empfehlen.

Ombudsleute werden oftmals eingesetzt, um Gruppen zu vertreten, die kaum eine Lobby oder Fürsprecher haben, wie Strafgefangene oder Verbraucher. In Deutschland gibt es beispielsweise einen Ombudsmann für Versicherungen, bei dem sich per Internet jeder Bürger beschweren kann, der mit der Entscheidung einer Versicherung nicht einverstanden ist.

Bei manchen Unternehmen können die Mitarbeiter einen externen, unabhängigen Ombudsmann anrufen, falls das eigene Unternehmen, der eigene Chef oder Teamleiter die Unternehmensrichtlinien nicht einhält. Der Ombudsmann wird vom Unternehmen bezahlt, ist meist ein Jurist (Rechtsanwalt mit Schweigepflicht) und verspricht schnelle und unbürokratischen Abhilfe von Missständen. Aus den besagten Gründen werden in manchen Unternehmen die Ombudsleute oder Ombudsgremien auch zur Korruptionsbekämpfung eingesetzt. In diesen Fällen kann sich ein Mitarbeiter, Geschäftspartner oder Zulieferer anonym an den Ombudsmann wenden und seinen Verdacht auf einen Korruptionsfall melden. Der Verdacht kann sich sowohl gegen Sachverhalte als auch gegen konkrete Personen richten.

A.6.9 Gerichtsverfahren

Das Gerichtsverfahren ist die »Ultima Ratio«, wenn sonst nichts mehr geht. Die Anwälte der streitenden Parteien versuchen nicht herauszufinden, wie die Parteien im wirklichen Leben zueinander stehen, und bemühen sich auch nicht unbedingt eine Lösung zu finden, die den Konfliktparteien oder dem Unternehmen nützt. Es geht vielmehr um ein buchhalterisches Suchen nach Taten und Fehlern in der Vergangenheit und um deren juristische Würdigung. Anwälte denken in erster Linie in Kategorien von Sieg und Niederlage.

Der Vorteil eines Gerichtsverfahrens liegt darin, dass ein rechtsgültiges Urteil eine sichere, rechtsgültige und vollstreckbare Grundlage liefert und Tatsachen schafft. Das Gerichtsverfahren hat aber auch erhebliche Nachteile. Da sind zum einen die hohen Kosten, die bei fast jedem Rechtsstreit entstehen können, zum anderen die Ungewissheit, wie das Verfahren ausgehen wird. Die Lebensweisheit: »Vor Gericht und auf hoher See sind wir in Gottes Hand«, hat ihre Wurzeln in der Lebenspraxis. Man mag subjektiv noch so sehr davon überzeugt sein, dass man »Recht hat«, das Gericht kann dies ganz anders sehen und juristisch würdigen. Mit einem Rechtsstreit kann man sich also auch schnell einen Bärendienst erweisen. Außerdem ist nach einem Rechtsstreit eine Wiederannäherung der Konfliktparteien deutlich schwieriger als bei anderen Methoden der Konfliktlösung, bei denen es darum geht, die Belange beider Seiten zu würdigen und einen für beide annehmbaren Ausgleich zu finden.

A.6.10 Gerichtlicher Vergleich

Beim gerichtlichen Vergleich leitet ein Richter das Verfahren. Er ist auch dazu befugt, eine Entscheidung zu treffen. Beim Vergleichsverfahren müssen gewöhnlich beide Parteien ihre Ansprüche zurückschrauben, die Interessen werden wenig oder gar nicht hinterfragt. Der Richter analysiert die Sachlage, die Beweislage und die Rechtslage und stellt die Nachteile einer Nichteinigung dar.

Genau wie ein Gerichtsurteil schafft ein Vergleich kaum mehr änderbare Fakten. Der Vergleich besteht in einem beiderseitigen Nachgeben der Parteien in Form eines Schuldvertrages. Der Vergleich wird zwischen beiden Konfliktparteien vor einem Gericht geschlossen, muss protokolliert und von beiden Parteien schriftlich akzeptiert werden. Gegenüber dem Gerichtsverfahren genießt ein Vergleich den Vorteil, dass er relativ schnell und kostengünstig abgewickelt werden kann. Der Vergleich setzt bei beiden Parteien jedoch eine gewisse Kompromissbereitschaft voraus. Aus einem Vergleich geht keine der beiden Parteien als eindeutiger Sieger hervor.

A.7 Stressmodelle

Um das Phänomen Stress zu erklären, haben sich mehrere Modelle etabliert. Erst die Einsicht, wie Stress entstehen kann, eröffnet die Möglichkeit, Stressmechanismen zu verstehen und alternative Wege zum Umgang mit Stress zu entwickeln. Diese Einsichten können sehr tiefgreifend sein und zu echten Verhaltensänderungen führen.

A.7.1 Flight-or-Fight-Modell

Eines der ältesten Stressmodelle, das Flight-or-Fight-Modell, sieht Stress in erster Linie als Reaktion von Lebewesen auf eine unmittelbare Lebensbedrohung. Bereits 1915 untersuchte der amerikanische Physiologe Walter Cannon die körperlichen Symptome von Stressbelastungen an traumatisierten Soldaten des Ersten Weltkriegs. Die Ergebnisse seiner Forschungen sind heute Allgemeingut: Stress führt zur Ausschüttung von Adrenalin zum Zwecke der schnellen Flucht- und Angriffsbereitschaft. Bei Dauerbelastung führt Stress zur Ausschüttung von Cortisol aus der Nebennierenrinde, es folgen ernste körperliche Schäden und bei weiter andauernder Belastung bricht der Organismus schließlich zusammen. Weitere Forschungen kamen u. a. zu dem Ergebnis, dass bei Frauen die Flight-or-Fight-Reaktion schwächer ausgeprägt ist als bei Männern. Dafür neigen Frauen offenbar eher dazu, sich schützenden Gruppen anzuschließen.

A.7.2 Subjektive Stressoren nach Richard Lazarus

Ein heute weithin anerkanntes und oft beschriebenes Stressmodell ist das des amerikanischen Psychologen Richard Lazarus. Lazarus ging davon aus, dass nicht eine objektiv feststellbarer Reiz der Grund für eine Stressreaktion ist, sondern die subjektive Bewertung des Gestressten. Stress folgt also keinem einfachen Reizreaktionsschema, sondern hängt davon ab, wie ein Mensch eine Belastung subjektiv empfindet und mit ihr umgeht. Nach Lazarus entsteht Stress »... weniger durch die Ereignisse selbst als vielmehr durch die Art, wie wir diese bewerten. Menschen können so für einen Stressor höchst unterschiedlich anfällig sein, d.h., was für einen Betroffenen Stress bedeutet, wird vom anderen noch nicht als Stress empfunden« [Bernhard & Wermuth 2011, S. 35].

A.7.3 Kohärenzgefühl

Das Modell der Salutogenese ist ein für die Projektpraxis interessanter Ansatz. Es wurde von dem amerikanischen Medizinsoziologen Aaron Antonovsky als komplementärer Begriff zur »Pathogenese« entwickelt. Nach Antonovsky zeichnet sich Gesundheit durch ein »Kohärenzgefühl« aus, das dem Menschen ein existenzielles Grundvertrauen gibt. Das Kohärenzgefühl setzt sich zusammen aus der Verstehbarkeit, dem Gefühl der Handhabbarkeit und dem Gefühl von Sinnhaftigkeit, also dem Eindruck, dass sich der Einsatz lohnt.

Menschen mit einem starken Kohärenzgefühl wirken »stabiler«, d.h., sie sehen einen Reiz noch als neutral an, der bei einem Menschen mit weniger Kohärenzgefühl bereits als schwacher Stressor empfunden würde. Das grundlegende Vertrauen der Menschen mit hohem Kohärenzgefühl, der Eindruck, mit jeder Situation irgendwie fertigzuwerden, führt zu vernünftigen und situationsangemessenen Reaktionen, »wohingegen Menschen mit einem niedrigen Kohärenzgefühl eher mit diffusen, schwer zu regulierenden Emotionen (z. B. mit blinder Wut) antworten und handlungsunfähig werden« [Bernhard & Wermuth 2011, S. 32].

Für die Projektarbeit folgt daraus, dass ein Projekt umso weniger Stress für die Projektmitarbeiter erzeugt, je mehr Strukturen und Entscheidungen nachvollziehbar und transparent sind, je mehr das Projekt als »handlebar« gesehen wird und je mehr die Projektarbeit als sinnvoll erscheint.

A.7.4 Innere Antreiber

Das Bild der »inneren Antreiber« (entwickelt u. a. von dem Transaktionsanalytiker und klinischen Psychologen Taibi Kahler 2008) geht von einem Persönlichkeitsmodell aus, nach dem der Mensch in sehr früher Jugend Annahmen über sich und die Welt trifft und aus dieser Weltsicht heraus seine Persönlichkeit selbst strukturiert. Solche Annahmen über die Welt fungieren als Antreiber, als Handlungsmaximen, die das Individuum um jeden Preis erfüllen will. Als innere Muster entsprechen die »inneren Antreiber« äußeren Autoritäten oder Lebensumständen, die wir so verinnerlichen, dass sie irgendwann ein Teil unseres Selbst werden. Die wesentlichen Antreiber lassen sich in fünf Kategorien einteilen:

- **Sei perfekt.**
  Macht den Menschen genau, verlässlich, präzise, aber auch pedantisch, kleinlich und unflexibel.
- **Mach schnell.**
  Macht den Menschen dynamisch, kreativ, entschlussfreudig, aber auch hektisch, ungeduldig, selbstüberfordernd.
- **Streng dich an.**
  Macht den Menschen fleißig, diszipliniert, ausdauernd, aber auch selbstüberfordernd und ermüdend.
- **Mach es allen recht.**
  Macht den Menschen beliebt, freundlich, sensibel, aber auch unterwürfig, meinungslos, zum Ja-Sager.

- Sei stark.
  Macht den Menschen durchsetzungsfähig, mutig, stark, aber auch leichtsinnig, rücksichtslos und überheblich.

Die Antreiber sind zwar durchaus nützliche Motivatoren und hilfreich bei der Erbringung von jedweder Leistung, andererseits können sie sich auch verselbständigen. Dann werden die Antreiber zu Diktatoren, die einen absoluten Zwang entfalten. Unter Stress fällt der Betroffene in ein kindliches Stadium zurück und folgt blind diesen Antreibern, ohne noch Handlungsalternativen zu sehen oder das eigene Handeln zu reflektieren. Ziel jeder Stresstherapie muss es daher sein, diese »inneren Antreiber« bewusst zu machen und aufzuzeigen, dass es jedem Menschen freisteht, seinen inneren Antreibern zu folgen oder sich von ihnen zu befreien. Dies kann natürlich nicht im Rahmen eines Projekts umgesetzt werden. Wer sich allerdings von seinen »inneren Antreibern« immer wieder gestresst sieht, kann oftmals bereits in einer Kurztherapie seine individuellen Stressoren abbauen.

A.8 Das Kommunikationsmodell von Schulz von Thun

Der bekannte Kommunikationswissenschaftler Friedemann Schulz von Thun sieht Kommunikation in verschiedene Hauptaspekte unterteilt. Sein Modell »Die vier Seiten einer Nachricht« hat inzwischen allgemeine Anerkennung gefunden und gilt als eine der zentralen Kommunikationstheorien.

A.8.1 Die vier Seiten einer Nachricht

Nach Schulz von Thun hat eine Nachricht zwar die Funktion, Informationen zu übermitteln. Dies ist jedoch nur eine Seite der Nachricht. Sie hat noch drei andere, die für das menschliche Miteinander oft wichtiger sind als der reine Informationsaustausch. Viele Informationen im zwischenmenschlichen Bereich laufen über Körpersprache, Stimmmodulationen und kleine Gesten. Unter anderem deswegen kann eine Telefon- oder Videokonferenz das persönlich-physische Kennenlernen Auge in Auge immer nur teilweise ersetzen.

Hier die vier Ebenen einer Nachricht:

- Sachebene
  Sie liefert die Beschreibung, »wie es ist« – die eigentliche Information in einer Nachricht.

- **Selbstkundgabe**
Mit jeder Äußerung teile ich etwas von mir mit: was in mir vorgeht, wofür ich stehe, wie ich mein Rolle auffasse. Vieles von meiner Selbstäußerung läuft jedoch unbeabsichtigt und unbewusst ab.

- **Beziehungshinweis**
Mit jeder Äußerung teile ich mit, wie ich zum Empfänger stehe, u.a. welchen Rang ich habe und welchen Rang der Empfänger. Tonfall, Mimik und Gestik (»Körpersprache«) teilen uns mit, wie der andere zu mir steht. Auf zwei Dinge reagieren Menschen besonders empfindlich: auf Geringschätzung und auf Bevormundung. Arroganz kommt deshalb nicht gut an und wirkt kommunikationsverhindernd.

- **Appell**
Jede Mitteilung will auf den Empfänger Einfluss nehmen. Der Sender will den Empfänger dazu bringen, etwas Bestimmtes zu denken oder zu tun. Diese Appelle werden oft verschlüsselt und verborgen übermittelt, was dann schnell zu Missverständnissen und falschen Erwartungen führt.

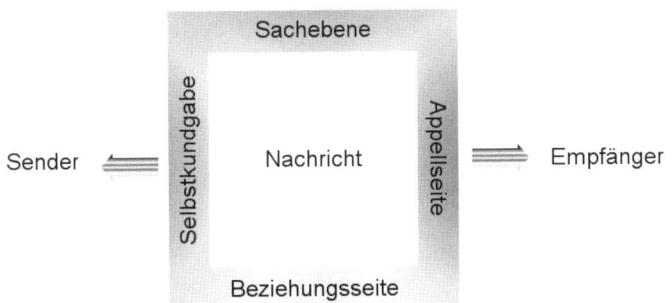

Abb. A–5
Die vier Seiten einer Nachricht nach Friedemann Schulz von Thun

Bei jeder Kommunikation sind alle vier Aspekte der Nachricht im Spiel. Gerade der Appell und der Beziehungshinweis werden jedoch oft sehr versteckt übermittelt.

Abb. A–6
Das Kommunikationsmodell

Inhalt
- Sachlich bleiben
- Verständlich bleiben
- Analytisch zuhören

Appell
- Überzeugend argumentieren
- Fragen stellen
- Fair lenken

Kommunikation

Selbstoffenbarung
- "Ich-Botschaften"
- Eigene Meinung sagen
- Absicht/Ziel erklären

Beziehungen
- Aktiv zuhören
- Gefühle ansprechen
- Feedback geben und nehmen

Was bei dem Adressaten ankommt, kann deshalb durchaus etwas ganz anderes sein als das, was ich ausdrücken wollte, denn auf der Empfängerseite gibt es analog »vier Ohren«, die eine Nachricht individuell unterschiedlich verstehen und interpretieren.

A.8.2 Die vier Ohren des Empfängers

Den vier Seiten einer Nachricht beim Sender stehen auf Seiten des Empfängers analog vier Ohren gegenüber:

- **Sachohr**
  Versucht, die eigentliche Information aus der Nachricht zu filtern.
- **Selbstoffenbarungsohr**
  Nimmt wahr, wer etwas zu mir sagt und wer vor mir steht. Es diagnostiziert, welche Motive und Gefühle mit der Äußerung verbunden sind.
- **Beziehungsohr**
  Was hält er/sie von mir? Wie werde ich beurteilt?
- **Appellohr**
  Versucht herauszuhören, welche Aufforderung an mich gerichtet wird: Was erwartet er/sie von mir? Was soll ich tun, nachdem ich das nun weiß?

Die meisten Menschen hören auf einem Ohr besonders gut, was zu Lasten der anderen Ohren geht. Wie wirkt sich nun dieses »Schwerpunkt-Hören« im Einzelnen aus?

- **Sachohr**
  Wer auf dem Sachohr gut hört, nimmt Botschaften objektiv und sachlich auf, vernachlässigt aber oft die Beziehungsebene. Wenn man so will, das »wichtigste« Ohr für die technische Seite der Projektarbeit.

- **Beziehungsohr**
  Nimmt beziehungsrelevante Dinge wahr, vernachlässigt aber gerne die Sachebene. Wichtig für die Einschätzung der »Stimmung« in einem Team und damit für jede Form von Teamarbeit.

- **Selbstoffenbarungsohr**
  Nimmt besonders gut wahr, was der Sender über sich selbst aussagt. Gut, um Menschen zu verstehen, aktiv zuzuhören und sich einzufühlen. Ebenfalls wichtig für die Teamarbeit.

- **Appellohr**
  Hier heißt die Hauptfrage: Wie mache ich es den anderen recht? Welche unausgesprochenen Erwartungen haben die anderen? Günstig für die Teamarbeit, ungünstig für eigene Bedürfnisse und Belange.

Schulz von Thuns Modell der vier Seiten einer Nachricht und der analogen Ohren des Empfängers bewährt sich in der Praxis als Mittel, um »Kommunikationspannen« aufzudecken. Oftmals geht Kommunikation dann schief, wenn eine Nachricht beim Empfänger ganz anders ankommt, als es vom Sender intendiert war. Schulz von Thun beschreibt dies anhand eines Paares, das miteinander im Auto sitzt. Sie sitzt am Steuer und er sagt: »Die Ampel ist grün.« Die einfache Aussage kann nun ganz verschieden ankommen: als reiner Hinweis auf einen Sachverhalt, als verdeckte Kritik (»Wieso fährst du nicht endlich los?«) oder auch als Selbstoffenbarung (»Mir wäre das nicht passiert!«). Um die Kommunikation richtig interpretieren zu können, wäre es in diesem Beispiel wichtig, auch über die Körpersprache und die Betonung Bescheid zu wissen, ferner über den Kontext: Ging ein Streit voraus? Kommt es bei Autofahrten immer zu Meinungsverschiedenheiten? Klar ist in jedem Fall, dass Kommunikation wesentlich mehr darstellt als lediglich der Austausch von Informationen und sie auch Stimmungen, Beziehungen und Machtverhältnisse abbildet.

A.9 Führungsstile

Als Führungsstil bezeichnet man die Art und Weise wie Führungskräfte ihre Führungsfunktion ausüben. Jeder Mensch, der Führungsverantwortung übernimmt und andere Menschen führt, zeigt einen bestimmten Führungsstil – auch wenn es der betreffenden Person gar nicht bewusst ist. Individuelle Werte und Vorstellungen prägen den Führungsstil.

A.9.1 Klassifikationen der Führungsstile

Die heute bekannteste Klassifikation der Führungsstile stammt von Kurt Lewin, einem der Begründer der experimentellen Sozialpsychologie und der Gestalttherapie. Lewin unterscheidet drei Führungsstile: autoritär, kooperativ und Laissez-faire (siehe u.a. [Lewin 1953]). Zwischen den einzelnen Stufen gibt es wiederum Abstufungen.

Autoritärer Führungsstil:

Der Begriff autoritär meint hier genau das, was man sich darunter gewöhnlich vorstellt: Der Chef allein gibt Anweisungen, die Mitarbeiter kuschen und sind in das Entscheidungsgeschehen nicht eingebunden. Widerspruch und Diskussionen finden nicht statt.

Die Vorteile dieses Führungsstils liegen auf der Hand: Entscheidungen werden sehr schnell getroffen. Kompetenzen und Zuständigkeiten sind klar verteilt, das Verhalten ist gut kontrollierbar. Der autoritäre Führungsstil passt immer dann, wenn schnelle, eindeutige Entscheidungen getroffen werden müssen. Das kann im Operationssaal sein, bei Feuerwehreinsätzen oder beim Militär. Die Nachteile sind ebenso offenkundig: Die Freiheit der Untergebenen ist deutlich eingeschränkt, was schnell zu mangelnder Motivation führt. Außerdem hängt alles an der Führungskraft und ihrer Fähigkeit, Situationen einzuschätzen. Fällt die Führungskraft aus irgendeinem Grund aus, bleibt womöglich eine kopf- und orientierungslose Herde zurück.

Kooperativer Führungsstil:

Beim kooperativen Führungsstil sind die Mitarbeiter in die wichtigen Entscheidungen mit eingebunden. Es wird sachlich argumentiert, Kritik an den Ansichten der Führungskraft ist möglich. Durch Delegation wird Verantwortung auf mehrere Mitarbeiter übertragen. Bei Fehlern wird der Mitarbeiter unterstützt.

Die Vorteile dieses Führungsstils liegen vor allem im positiven Arbeitsklima und in der Nutzung der Kreativität der Mitarbeiter. In allen Fällen, in denen das Potenzial der Mitarbeiter möglichst gut zu Geltung kommen soll, ist dieser Führungsstil von Vorteil. Nach Lewin führt er zu einer hohen Qualität der Arbeitsergebnisse. Die Nachteile liegen in der längeren Zeit zur Entscheidungsfindung sowie darin, dass undisziplinierte oder uninteressierte Mitarbeiter schwer einzubinden sind.

Laissez-faire-Führungsstil:

Der Laissez-faire-Führungsstil schränkt die Mitarbeiter so gut wie gar nicht ein. Die Mitarbeiter bestimmen ihre Arbeitsinhalte und ihre Organisation selbst, die Kontrolle über die Arbeitsergebnisse liegt bei der Gruppe. Die Verteilung von Informationen ist nicht strukturiert.

Die Vorteile dieses Führungsstils liegen darin, dass die Mitarbeiter ihren individuellen Arbeitsstil verfolgen können. Das kann im besten Fall zu einer erhöhten Motivation und Freisetzung von Kreativität führen. Die Mitarbeiter können ihre persönlichen Stärken einbringen und verfolgen. Die Nachteile liegen darin, dass bei diesem Führungsstil unselbstständigere Mitarbeiter leicht untergehen und Außenseiter zuweilen untergebuttert werden. Die Weitergabe von Informationen im Team ist nicht strukturiert, sodass Informationen schnell untergehen.

Charismatischer Führungsstil:

Neben den Führungsstilen nach Lewin führte – wie bereits erwähnt – Max Weber noch den Gedanken eines »charismatischen Führungsstils« ein. Dieser beruht nach Weber auf der starken persönlichen Ausstrahlung der Führungspersönlichkeit und kann in Krisenzeiten Zuversicht vermitteln, was vermutlich auf die Identifikation der Gruppenmitglieder mit der Führungsfigur zurückzuführen ist. Als typisches Beispiel für einen modernen charismatischen Führungsstil wird häufig der ehemalige Apple-Chef Steve Jobs genannt, dem es zweifellos gelungen ist, Visionen zu entwickeln und seine Mitarbeiter »mitzunehmen«. In seiner Person zeigt sich allerdings auch ein wesentlicher Nachteil dieses Stils: Wenn die charismatische Führungskraft ausfällt, ist es schwierig bis unmöglich, einen geeigneten Nachfolger zu finden und den hohen Motivationslevel bei den Mitarbeitern aufrechtzuerhalten. Anders als in den USA und Kanada hat die »Führung durch Charisma« zudem in Deutschland keinen allzu guten Ruf – der Zusammenhang von Charisma und Manipulation ist hier als historische Erfahrung noch allzu gegenwärtig.

In der Praxis ist es oftmals so, dass sich Führungskräfte für einen ganz bestimmten Führungsstil entschieden bzw. sich antrainiert haben.

Das kann zu Problemen führen, insbesondere wenn sich das Umfeld ändert. So können sich Mitarbeiter oder Teams ändern, die Kunden oder auch die Anforderungen an die Führungskraft. Je nach Umfeld ist ein anderes Führungsverhalten gefordert, manchmal auch die Mischung unterschiedlicher Führungsstile. Ein »Kochrezept« für das richtige Führungsverhalten gibt es nicht. Die Beurteilung der Situation und die daraus erfolgende Festlegung des richtigen Führungsstils ist vielleicht mit die wichtigste Aufgabe einer Führungskraft: »Je nach Situation kann also ein und dasselbe Führungsverhalten andere Wirkungen auf die Mitarbeiter haben und deren Verhalten kann in Abhängigkeit von der Situation zu unterschiedlichen Ergebnissen führen. Die stark motivierten Mitarbeiter der Projektgruppe werden im Unternehmen selbständig nach geeigneten Ansprechpartnern suchen und mit diesen ihre Ideen diskutieren, eigenverantwortlich Gruppensitzungen organisieren und sich über die Verteilung von Arbeitsaufgaben ohne Einfluss von außen einigen. Ein vergleichbar selbständiges Handeln würde bei einer Arbeitsgruppe, die sich im Produktionsprozess an den technischen Abläufen orientieren muss, schnell ins Chaos führen. Die Situation entscheidet also, welches Verhalten eine Führungspersönlichkeit zeigt, wie dieses Verhalten von den Mitarbeitern oder vom Team wahrgenommen wird und ob deren Reaktionen zu den Zielen des Unternehmens beitragen« [Nerdinger, Blickle & Schaper 2008, S. 83].

Führen heißt nach diesem Verständnis Situationen zu beurteilen und den eigenen Führungsstil darauf abzustimmen. Es ist demnach auch nicht sinnvoll, einen Führungsstil vorzugeben oder sich vorgeben zu lassen. Die erzielten Ergebnisse und die Zufriedenheit der Mitarbeiter zeigen letztlich, welcher Führungsstil sich als situationsgerecht und effizient bewährt.

A.9.2 Transaktionale und transformationale Führung

Im Zuge eines sich mehr und mehr verschärfenden Wettbewerbs suchen Unternehmen nach dem optimierten Führungsstil, nach der »Silver Bullet«, die die Produktivität und Kreativität der Mitarbeiter bestmöglich fördert und nutzt. Als moderne und weitgehend optimierte Führungsstile gelten momentan die transaktionale und die transformative Führung.

Die transaktionale Führung beruht auf der Idee eines Austauschverhältnisses zwischen Mitarbeiter und Unternehmen. Dies bedeutet, dass die Führungskraft ein Ziel vorgibt und dem Mitarbeiter entsprechende Vorteile verdeutlicht, wenn er dieses Ziel erreicht. Transaktionale Führung bedeutet demnach für die Führungskraft, die Ziele zu klären und Verantwortung zu delegieren. Neben diesem »Management by Objectives« (Führung durch Zielvereinbarungen) besteht transaktionale Führung aus einem »Management by Exceptions« (Führung in Ausnahmefällen), d.h., die Führungskraft greift auf Wunsch des Mitarbeiters ein oder wenn bestimmte Standards nicht erreicht werden. Die Vor- und Nachteile der transaktionalen Führung folgen aus dem besprochenen Austauschverhältnis: Der Vorteil für den Mitarbeiter liegt in den klaren Zielen, denen er folgen kann. Der Nachteil dieses Führungsstils besteht darin, dass der Mitarbeiter ausschließlich »von außen« (extrinsisch) motiviert wird. Die Belohnung »von außen« mit Geld oder Privilegien stößt jedoch schnell an Grenzen und die subjektiv empfundenen Reize der extrinsischen Belohnung lassen rasch nach.

Diese Nachteile will die »transformationale Führung« ausgleichen, indem sie versucht, höhere Bedürfnisse anzusprechen und so den Mitarbeiter »von innen her« (intrinsisch) zu motivieren.

Vertrauen, Respekt, Loyalität und Bewunderung für die Führungskraft sollen den Mitarbeiter zur Höchstleistung bringen. Vier Vorgehensweisen von Seiten der Führungskraft kennzeichnen die transformationale Führung:

- **Inspirierende Motivation:**
  Überzeugende Visionen, Teamziele und individuelle Ziele regen den Mitarbeiter an.
- **Inspirierendes Vorbildverhalten der Führungskraft:**
  Dieses ruft beim Mitarbeiter Vertrauen und Respekt wach.
- **Intellektuelle Stimulierung:**
  Infragestellung überkommener Denkweisen, Ermutigung zu Kreativität und neuen Lösungswegen
- **Individualisierte Behandlung:**
  Bedürfnisse der Mitarbeiter werden von der Führung berücksichtigt, je nach Leistung und Entwicklung wird der Mitarbeiter individuell gefördert.

Das Management by Objectives, das u.a. die transformationale Führung auszeichnet, erinnert damit an eine der zentralen Anforderungen Maliks an das Management: »Richtiges Management gibt klare Orientierung im Ungewissen« [Malik 2006, S. 21].

Auf diesem Weg erreicht der transformationale Führer mehr als der rein transaktionale Führer, denn er weckt Begeisterung, richtet sich an den ganzen Menschen an und verändert gewohnte und tradierte Strukturen. Transformationale Führung geht damit über den reinen Tausch hinaus und spricht tiefere emotionale Schichten an. So geht es u.a. darum, die Mitarbeiter herauszufordern und weiterzuentwickeln. Im

Idealfall wird die Führungskraft zum Mentor, der – ähnlich wie ein Coach – Hilfe zur Selbsthilfe gibt. So kann transformationale Führung im Idealfall neue Denkweisen fördern und die Mitarbeiter zu Höchstleistungen inspirieren – wenn die Situation es zulässt und derartige Verhaltensweisen fördert. Ideal ist transformationale Führung deshalb in länger bestehenden Unternehmen mit gewachsenen Strukturen. Dort kann die transformationale Führung für frischen Wind sorgen, neue Ideen implantieren und die Mitarbeiter zu für sie selbst erstaunlichen Hochleistungen anspornen.

A.10 Das »Agile Manifest« im Originalwortlaut und in der Übersetzung

Hier der englische Wortlaut des Agilen Manifests:

Manifesto for Agile Software Development

We are uncovering better ways of developing software by doing it and helping others do it.

Through this work we have come to value:
- Individuals and interactions over processes and tools
- Working software over comprehensive documentation
- Customer collaboration over contract negotiation
- Responding to change over following a plan

That is, while there is value in the items on
the right, we value the items on the left more.

In deutscher Übersetzung:

Manifest für agile Softwareentwicklung

Wir erschließen bessere Wege, Software zu entwickeln, indem wir es selbst tun und anderen dabei helfen.

Durch diese Tätigkeit haben wir folgende Werte zu schätzen gelernt:
- Individuen und Interaktionen mehr als Prozesse und Werkzeuge,
- funktionierende Software mehr als umfassende Dokumentation,
- Zusammenarbeit mit dem Kunden mehr als Vertragsverhandlungen,
- das Reagieren auf Veränderung mehr als das Befolgen eines Plans.

Das heißt, obwohl wir die Werte auf der rechten Seite wichtig finden, schätzen wir die Werte auf der linken Seite höher ein.

A.10 Das »Agile Manifest« im Originalwortlaut und in der Übersetzung

Unterzeichner der ersten Version des Agilen Manifests waren 21 Softwareentwickler, darunter so illustre Namen wie Kent Beck (»Extreme Programming«), Martin Fowler (anerkannter Autor und Spezialist für Softwarearchitektur) sowie Ken Schwaber, einer der Erfinder von Scrum.

Das Agile Manifest ist bis heute im Internet zugänglich. Wer möchte, kann dort das Agile Manifest nach wie vor unterzeichnen (siehe *http://agilemanifesto.org*).

Noch viel besser als das Agile Manifest beschreiben die sogenannten »Prinzipien hinter dem Agilen Manifest« auf derselben Webseite die Motivation und Zielsetzung der Unterzeichner. Hier wird deutlich, wie agile Methoden in der Praxis aussehen sollten.

Prinzipien hinter dem Agilen Manifest

Wir folgen diesen Prinzipien:
- Unsere höchste Priorität ist es, den Kunden durch frühe und kontinuierliche Auslieferung wertvoller Software zufriedenzustellen.
- Dringende Anforderungsänderungen sind selbst spät in der Entwicklung willkommen. Agile Prozesse nutzen Veränderungen zum Wettbewerbsvorteil des Kunden.
- Funktionierende Software ist regelmäßig innerhalb weniger Wochen oder Monate zu liefern und dabei die kürzere Zeitspanne zu bevorzugen.
- Fachexperten und Entwickler müssen während des Projekts täglich zusammenarbeiten.
- Errichte Projekte rund um motivierte Individuen. Gib ihnen das Umfeld und die Unterstützung, die sie benötigen, und vertraue darauf, dass sie die Aufgabe erledigen.
- Die effizienteste und effektivste Methode, Informationen an und innerhalb eines Entwicklungsteam zu übermitteln, ist im Gespräch von Angesicht zu Angesicht.
- Funktionierende Software ist das wichtigste Fortschrittsmaß.
- Agile Prozesse fördern nachhaltige Entwicklung. Die Auftraggeber, Entwickler und Benutzer sollten ein gleichmäßiges Tempo auf unbegrenzte Zeit durchhalten können.
- Ständiges Augenmerk auf technische Exzellenz und gutes Design fördert Agilität.
- Einfachheit – also die Kunst, möglichst wenig Aufwand zu generieren– ist essenziell.
- Die besten Architekturen, Anforderungen und Entwürfe entstehen durch selbstorganisierte Teams.
- In regelmäßigen Abständen reflektiert das Team, wie es effektiver werden kann, und passt sein Verhalten entsprechend an.

Es geht also bei der agilen Vorgehensweise darum, den Kunden zufriedenzustellen, und zwar nicht nach einem halben Jahr Entwicklungszeit, sondern innerhalb von vier Wochen. So lässt sich gewährleisten, dass der Kunde ebenso wie das Entwicklungsteam schnell auf sich verändernde Anforderungen reagieren kann. Lange Jahre der Erfahrung in der Softwareentwicklung haben gezeigt, dass für ein Projekt nichts tödlicher ist als ein gut gefülltes Lastenheft, das die Entwicklungsmannschaft dann in zwei Jahren Schritt für Schritt abarbeitet. Die Software, die dabei entsteht, ist bereits bei der Auslieferung hoffnungslos veraltet und für den Kunden damit meist unbrauchbar.

Es dauerte einige Zeit, bin man erkannt hatte, dass Softwareprojekte anders ablaufen müssen als der Bau einer Umspannstation oder eines neuen Autos. Die Softwareerstellung bewegt sich in wesentlich dynamischeren Märkten als die »klassischen« Ingenieursdisziplinen. Eine Antwort auf diese anders gearteten Anforderungen und das zeitliche Dilemma will das »Agile Manifest« sein.

Hier ist das sich selbst organisierende Team die letzte verantwortliche Instanz. Kein Entwickler (auch kein Tester/Testmanager) kann sich mehr hinter einem Projektmanager und dessen Zeitvorgaben bzw. Projektplänen verstecken. Die Rolle des Teams wird in agilen Projekten gegenüber den klassischen Projekten deutlich aufgewertet – dies allerdings um den Preis, dass das Team auch in der Verantwortung steht, ein brauchbares Ergebnis zu liefern. Anders als in den klassischen Projekten gibt es keinen Projektleiter oder Testmanager mehr, der »den Kopf hinhält«, sondern das Team steht in direkter Verantwortung. Das wiederum muss man mögen – und nicht jeder Tester schätzt ein solch hohes Maß an Verantwortung. Scrum ist demnach kein Allheilmittel für alle Projektsituationen und auch nicht für jeden Mitarbeiter geeignet, aber – richtig eingesetzt – ist es das Vorgehensmodell, welches momentan am schnellsten Ergebnisse liefert und die in den Entwicklungsprozess frühzeitig eingebundenen Kunden umfassend zufriedenstellen kann. Und das ist schon eine ganze Menge ...

B Literaturverzeichnis

[Asendorpf & Banse 2000] Asendorpf, J.; Banse, R.: Psychologie der Beziehung. Bern, Göttingen, Toronto, Seattle, 2000.

[Bath & McKay 2011] Bath, G.; McKay, J.: Praxiswissen Softwaretest – Test Analyst und Technical Test Analyst. Aus- und Weiterbildung zum Certified Tester – Advanced Level nach ISTQB-Standard. Heidelberg, 2011.

[Beck 1999] Beck, K.: Extreme Programming Explained: Embrace Chance. Boston, 1999.

[Berne 1967] Berne, E.: Spiele der Erwachsenen. Hamburg, 1967.

[Berner] Berner, W.: *http://www.umsetzungsberatung.de*, letzter Abruf: 04.05.2012.

[Bernhard & Wermuth 2011] Bernhard, H.; Wermuth, J.: Stressprävention und Stressabbau. Basel, 2011.

[bpb] Bundeszentrale für politische Bildung, *http://www.bpb.de/wissen/Y0IGZZ*, letzter Abruf: 18.04.2012.

[Brooks 1995] Brooks, F. P.: The Mythical Man-Month. Essays on Software Engineering. Boston, 1995.

[Drucker 2009] Drucker, P. F.: Die fünf entscheidenden Fragen des Managements. Weinheim, 2009.

[Glasl 2008] Glasl, F.: Selbsthilfe in Konflikten. Stuttgart, 2008.

[Goldwyn] Goldwyn-Report 2008: *http://www.mimacom.com/uploads/media/GoldwynReport_projektmanagement_gasche_feb08_08.pdf*, letzter Abruf: 05.02.2012.

[Harvard] Harvard Business Manager: *http://www.harvardbusinessmanager.de/heft/artikel/a-799131.html*, letzter Abruf: 10.02.2012.

[Heathfield] Heathfield, S.:
http://humanresources.about.com/od/teambuilding/f/teams_def.htm, letzter Abruf: 05.06.2012.

[Hochrainer] Hochrainer, J.: Die Rolle des Testers in Scrum, http://www.software-quality-lab.com/uploads/media/2011_07__Die_Rolle_des_Testers_in_Scrum_02.pdf, letzter Abruf: 05.06.2012.

[Hüther 2010] Hüther, G.: Die Macht der inneren Bilder. Hamburg, 2010.

[ISTQB 2007] ISTQB Certified Tester Advanced Level Syllabus, Version 2007, deutschsprachige Ausgabe. Herausgegeben durch das Austrian Testing Board, German Testing Board e.V. & Swiss Testing Board, 2007.

[ISTQB 2011] ISTQB Certified Tester Foundation Level Syllabus, Version 2011, deutschsprachige Ausgabe. Herausgegeben durch das Austrian Testing Board, German Testing Board e.V. & Swiss Testing Board, 2011.

[Kienbaum] Kienbaum-Studie »High Potentials 2011/2012«, http://www.kienbaum.de/desktopdefault.aspx/tabid-501/649_read-11761/, letzter Abruf: 11.02.2012.

[Kilvinger] Kilvinger, K.: Agile Software-Entwicklung. Scrum braucht neue Tester. http://www.cio.de/2236292, letzter Abruf: 03.04.2012.

[Lewin 1953] Lewin, K.: Die Lösung sozialer Konflikte. Bad Nauheim, 1953.

[Lubbers 2005] Lubbers, B.-W.: Teamintelligenz: Ein intelligentes Team ist mehr als die Summe seiner Kompetenzen. Wiesbaden, 2005.

[Malik 2006] Malik, F.: Führen, Leisten, Leben. Wirksames Management für eine neue Zeit. Frankfurt/Main, 2006.

[Nerdinger, Blickle & Schaper 2008] Nerdinger, F.; Blickle, G.; Schaper, N.: Arbeits- und Organisationspsychologie. Heidelberg, 2008.

[Reiss 2009] Reiss, S.: Wer bin ich und was will ich wirklich? München, 2009.

[Rüttinger & Sauer 2000] Rüttinger, B.; Sauer, J.: Konflikte und Konfliktlösen. Leonberg, 2000.

[Schulz von Thun 2010] Schulz von Thun, F.: Miteinander reden, Bd. 1–3. Hamburg, 2010.

[Schwaber 2003] Schwaber, K.: Agile Project Management with Scrum. Washington, 2003.

[Spillner et al. 2008] Spillner, A.; Rossner T.; Winter, M.; Linz, T.: Praxiswissen Softwaretest – Testmanagement, Aus- und Weiterbildung zum Certified Tester – Advanced Level nach ISTQB-Standard. Heidelberg, 2008.

[Sprenger 2006] Sprenger, R. K.: »Wieso Blackberrys und Bonusgehälter böse sind«. Spiegel Online vom 11. September 2006: *www.spiegel.de/unispiegel/jobundberuf/mitarbeiter-motivation-wieso-blackberrys-und-bonusgehaelter-boese-sind-a-435875.html*, letzter Abruf: 26.08.2012.

[Stahl 2002] Stahl, E.: Dynamik in Gruppen. Handbuch der Gruppenleitung. Weinheim, Basel, Berlin, 2002.

[Vigenschow, Schneider & Meyrose] Vigenschow, U.; Schneider, B.; Meyrose, I.: Soft Skills für IT-Führungskräfte und Projektleiter. Heidelberg, 2012.

[Widmann & Seibt 2011] Widmann, S.; Seibt, M.: Kooperation. Wegweiser für Führungspersonen, Trainer und Berater. Erlangen, 2011.

[Wieser 2012] Wieser, B.: Freiraum und Innovation - auf dem Weg zum »High-Performance-IT-Team«. IT Freelancer Magazin, 1/2012.

Index

40-Hour Work Week 112

A

Abnahmetest 16
Acceptance Criteria 116
Alltagstyrannei 129
Anforderungskatalog 116
Anforderungssklerose 109
angeborene Motive 131
Ängstlichkeit 92
Angststörungen 62
Anspannung 61
Antriebslosigkeit 55
appellative Dimension 71
Arbeitsanfall 97
Arbeitsgeschwindigkeit 48
Arbeitszufriedenheit 37
Arroganz 7, 8
    der Spezialisten 8
Auflösungsphase 141
Außenseiterposition 48
Ausstrahlung 90
automatisierter Unit-Test 111

B

Bananensoftware 16
Beherrschung des Handwerks 90
Berichtswesen 68
berufliche Über- oder Unterforderung 34
Beurteilungskonflikte 46
Beziehungsaspekt 42
Beziehungsebene 75
Beziehungshinweis 157
Beziehungskonflikte 47
Beziehungsohr 77
Blogs 79
Boreout 17
Bossing 54
Brainstorming 60
Budget 16, 21

Bullying 53
Burnout 17

C

Charakter 28
Charisma 91
charismatischer Führungsstil 161
Chickens 114
Coach 149
Codeschnipsel 82
Coding Standards 112
Collective Code Ownership 112
Continuous Integration 112
Continuous Testing 111
Coverage 71

D

Daily Scrum 118
Demotivation 6, 34
Demotivator 34, 39
Denkmuster 64
Destruktion 51
destruktive Ich-Zustände 137
Die vier Seiten einer Nachricht 156
Differenzen 46
Diversity 47
Dogmatismus 9
Dokumentationszwang 110
Dominanzstreben 99
Durchsetzungsfähigkeit 4

E

Effektivität 102
Eltern-Ich 133
Embedded Systems 121
Embedded-Software 121
Empathie 148
Engagement 7
Ergebnisoffenheit 144
Erwachsenen-Ich 133

erwartete Softwarequalität 23
Eskalationsschwellen 51
Eskalationsspirale 52
Eskalationsstufe 143
Eustress 61
Evolution 4
existenziell bedrohliche Situation 61
Extreme Programming (XP) 110

F

Face to face 84
Fachkompetenzen 98
Fachsprache 69
Fähigkeit zur Konfliktbereitschaft 96
Feedback 115
fehlgegangene Kommunikation 136
Flight-or-Fight-Modell 154
Flow 17
Flow-Erlebnis 38
Foren 79
formale Macht 20
Forming 102
Führung 95
    durch Charisma 161
    durch Zielvereinbarungen 163
    in Ausnahmefällen 163
    transaktionale 162
    transformationale 163
Führungsaufgabe 95
Führungserfolg 92
Führungs-Know-how 9
Führungsstil
    charismatischer 161
    kooperativer 160
    Laissez-faire 161

G

Gängelung 40
Gefühlspirale 58
gerichtlicher Vergleich 153
Gerichtsverfahren 152
Gesprächskiller 147
Gestik 87
gesunder Menschenverstand 91
Großhirn 62
Grundkonflikt 145

Grundmotivation 33
Gruppenverband 101
Gütesitzung 145

H

Hamburger Verständlichkeitsmodell 69
Handlungsalternative 32, 64
Handlungsmaximen 155
Handlungszirkel 138
Harvard-Methode 58
High Potentials 8
Hirnfunktionen 62
Höflichkeit 82
Hygienefaktoren 36

I

Ich-Botschaften 72
Ich-Zustände 135
Ignoranz 57
Indifferenz 8
Inhaltsaspekt 42
innere Kündigung 55
innerer Antreiber 132, 155
innerer Kritiker 35
innerer Schweinehund 32
innovationsförderliche Führung 106
Integrationsbereitschaft 101
Interessenausgleich 59
Interpunktion 81
Interrollenkonflikt 13
Intra-Rollenkonflikt 14
intrinsische Faktoren 37
Ironie 74
ISTQB (International Software Testing
    Qualifications Board) 12, 95
ISTQB-Lehrplan 39

K

Kindheits-Ich 134
Kind-Ich 133
klärendes Gespräch 147, 150
Kohärenzgefühl 154
Kommunikation 67
Kommunikationskompetenz 6
Kommunikationskultur 86
Kommunikationspannen 159

Kommunikationsverhalten 48
Kompatibilitätsregel 131
Komponententest 16
Kompromisse 101
Konflikt
    heißer 57
    kalter 57
Konfliktbeherrschung 50
Konflikteskalation 49
Konfliktgegner 58
Konfliktlösungskompetenz 7
Konfliktmediation 58
Konfliktmoderation 149
Konfliktprophylaxe 149
konfliktscheu 56
Konfliktstufe 143
Konfliktverhalten
    konstruktives 58
Konfliktverschleppung 144
Konsens 146
Konzentrationsstörungen 62
Kooperation 42
Kooperationsfähigkeit 101
Kooperationskiller 44
Kooperationspartner 44
Kooperationsphase 141
kooperativer Führungsstil 160
Körpersprache 87, 156
Kostenfaktor 16
kranke Interaktion 138
Kreativität 102
Kundenanforderungen 10

L

Laissez-faire 160
Laissez-faire-Führungsstil 161
Lampenfieber 87
Lastenheft 109, 116
Lebensglück 132
Lebensmotive 30
Lebenssinn 29
Lebenstüchtigkeit 92
Lehre von den vier Temperamenten 28
Leistungserlebnisse 37
Lesbarkeit 81
Lines of Code 23

M

Machtdemonstration 148
Management 93
Managementunterstützung 17
mangelnde Motivation 38
maximaler Stresspegel 63
Mediation 144
Mediationsgesetz 144
Mediator 144
Meinungsverschiedenheiten 46
Menschenführung 9, 90
Menschenkenntnis 7, 8, 28, 29
Menschentypen 28
Metakommunikation 72
Mission 15
Misstrauen 21
Mobbinghandlungen 53
Mobbingopfer 54
Mobbingpersönlichkeit 54
Motive 29
Motiv-Fingerabdruck 127, 128
Motivierung 31
Motivstruktur 128
Mystifizierung 93

N

Neubewertung 64
Neurobiologie 4
Neurotizismus 92
Neurotransmitter 61
Neutralität 75
Norming 102

O

offene Fragen 148
Ombudsgremien 152
Ombudsleute 152
Ombudsrat 152
On-site Customer 112
Opferrolle 43
optimistische Annahme 7
Orientierungsphase 140

P

Pair Programming 112
parallele Transaktion 136
passive Konfliktvermeidung 145
Performing 102
persönliche Herausforderungen 4
Persönlichkeit 2, 28
Persönlichkeitsrecht 55
Persönlichkeitsstruktur 90
Person-Rollen-Konflikt 14
Phasenzyklus 103
Pigs 114
Planning Game 111
Prämien 33
Präsentation 87
Product Owner 114, 119
progressive Muskelrelaxation (PMR) 64
Projektkommunikation 6
Projektmanagement-Know-how 7
Projektstrukturen 60
Pseudoteams 38

Q

Qualitätskontrolle 48
Qualitätskriterien 23
Qualitätsmängel 49
Qualitätsniveau 18
Qualitätsstand 21
Qualitätsstandard 23

R

Rechtschreibung 81
Rechtsgüter 55
Rechtsstreit 153
Refactoring 111
Reframing 64
Reibungsverluste 18
Reizreaktionsschema 154
Reporting 68
    nach außen 70
    nach innen 70
Requirements 109
Respekt 50
Respektlosigkeit 43
Rolle 125
Rollenambiguität 14, 40

Rollenerwartungen 14
Rollenfindung 14
Rollenkonflikt 14
Rollensender 126
Rollenträger 14
Rollenverständnis 126
Rollenzuschreibung 106
RUP 110

S

Sachlichkeit 75
Sachohr 159
Salutogenese 154
Schadenersatzforderungen 55
Scheitern von Projekten 9
Schiedsgericht 150
Schiedsrichter 150
Schiedsspruch 151
Schiedsstellen 150
Schiedsvereinbarung 150
Schiedsverfahren 150
Schlichter 151
Schlichtungsspruch 151
Schlichtungsverfahren 151
Schlichtungszeugnis 151
Schuldvertrag 153
schwelende Konflikte 49
Scrum Master 114, 119
Selbstkritik 8
Selbststeuerung 34
Selbstüberschätzung 5, 7
Selbstzweifel 55
serviceorientierte Architektur (SOA) 121
Sich-Beweisen 75
sicherheitskritische Software 24
Sich-Verbiegen 101
Sinnhaftigkeit 154
Sinnlosigkeit 39
Skript 125
Sozialkompetenz 3, 4
Spannungsabbau 76
Spätindikator 48
Spieltheorie 140
Spitzenleistungen 32
Spitzenteam 103
Sprint 114

Sprint Backlog 120
Stakeholder 84
Stammhirn 62
Statusbericht 68
Stimmmodulation 156
Storming 102
Stress, negativer 61
Stressbelastung 61
Stressoren 60
Stressresistenz 13
Strokes 43
Strömungen 73
strukturell bedingtes Konfliktpotenzial 18
Supervisor 37

T

Teamgeist 9
Teamleitung 98
Teammotivation 31, 41
Teamspirit 39
Teamzusammenhalt 101
Teamzusammensetzung
　heterogene 106
Teilsysteme 42
Temperament 28
Testautomatisierung 13
Testendekriterien 12
testgetriebenes Programmieren 113
Testkoordinator 12
Testmanager 20
Teststufe 12
Transaktion 135
　offene 137
　verdeckte 137
transaktionale Führung 162
Transaktionsanalyse 132, 135
transformationale Führung 163

U

überwachte Teamdemokratie 120
Überwachung 120
Überzeugungskraft 90
Umbewertung 64
Umgang
　mit anderen 3
　mit sich selbst 3

UML 10
Unansprechbarkeit 57
Unerfahrenheit 7
Ungerechtigkeit 40
Unit-Framework 111
unklare Rollen 44
unklare Ziele 44
User Story 111, 116

V

Verantwortlichkeiten 41
Verantwortung 95
Verbalaggression 74
verborgene Konflikte 49
Vereinbarung zur Konfliktbeilegung 151
Vergreisung 46
Verhaltensänderung 2
Verhaltenskodex 126
Verhaltensmuster 125
Verhaltensweise
　regressive 63
Verteilungskonflikte 46
Verteilungsungerechtigkeit 40
Vertrauen 15, 96
Vertraulichkeit 144
Vielredner 147
V-Modell 109
vollständiger Test 24

W

Wachstumsphase 141
Warum-Fragen 148
Wasserfallmodell 109
wehrloses Opfer 56
wertebasiertes Glück 29
Wertvorstellungen 44
Whitebox-Test 13
widersprüchliche Erwartungen 14
Win-win-Situation 139, 146, 149
Wir-Gefühl 102
Wirksamkeit 95
Wohlfühlglück 29
Workaround 84

X

XP-Programmierer 111

Z

Zeitvorgabe 86
Zielvereinbarungen 99
Zusatzbelastung 7
Zwang zur Harmonie 99